青|少|年|美|绘|版|经|典|名
QINGSHAONIAN MEIHUIBAN JINGDIAN M
·············【经典收藏】·············

（明）洪应明 著

崔钟雷 编译

CAIGENTAN | 菜根谭

浙江人民出版社
ZHEJIANG PEOPLE'S PUBLISHING HOUSE

QIANYAN
FOREWORD 前 言

　　从诸子蜂起、处士横议的百家争鸣，到大师辈出、人文昌盛的文艺复兴；从闪耀着智性之光的启蒙书籍，到弥漫着天真之趣的童话寓言，几千年来，中外文坛一直人才辈出，灿若星辰，佳作更是斗量车载，形形色色。面对如此浩繁的作品，为了让青少年朋友品读到纯正的文化典籍，畅游于古今之间，我们精心编排了本套经典名著丛书。

　　本套"青少年美绘版经典名著书库"撷取世界文学中的精华，涉及中外名家经典小说、诗歌、杂文、散文等作品，让你充分领略大师的文学风采；甄选中华国学读物《孙子兵法》《古文观止》《诗经》等，让你从博大精深的中国传统文化中汲取营养；品鉴外国文学名著《小王子》《少年维特之烦恼》等，让你和高尚的人谈话，树立坚定的信念；阅读传记、散文《名人故事》《小桔灯》等，让你见证历史的缩影、沐浴睿智的人文光芒……

　　本套丛书的编排方式以体裁为纲，选取集知识性、趣味性、教育性于一体的经典名著，并有大量与作品内容相得益彰的精美绘图，达成文本阅读与艺术欣赏的相互促进。在丛书最新一辑中，还按章节编排了"名师导读"、"名师按语"、"名师点金"等辅助阅读的小板块，让您能读有所悟，提高赏析作品的能力。如果这一增长见识、愉悦身心的精神盛宴能够得到青少年朋友的喜爱，那将是我们最大的幸福和希冀。

CAIGENTAN 菜根谭

目录 MULU CONTENTS

菜根谭

一 栖守道德 莫依阿权贵

名师导读

道德是人类所应遵守的法理与规范,那么古人是怎样看待道德规范的呢?

原文

栖守道德①者,寂寞一时;依阿②(ē)权势者,凄凉万古。达人③观物外之物④,思身后之身,宁受一时之寂寞,毋取万古之凄凉。

译文

坚守道德规范的人可能会暂时寂寞,阿谀攀附权势的人却会永远凄凉。通达的人洞察具体事物外的哲理,考虑死后的千古名声,所以宁可坚守节操,忍受一时的寂寞,决不趋炎附势,落得永久的凄凉。

名师按语

①道德:指人类所应遵守的法理与规范。②依阿:阿与依同义,依附、迎合,指自己缺乏独立人格,凡事都随意附从他人意见。③达人:指智慧高超、胸襟开阔、目光远大的人。④物外之物:泛指世事以外的东西,也就是现实物质生活以外的精神生活和道德修养,即佛教所谓不生不灭的涅槃境界。

赏析·启示

君子如玉,沉稳如石而又温润如水;经得起揣摩,又通透清澈。听得进百家之言,又静得下自家的心。接得了浮华,又要耐得住寂寞。

学习·拓展

不慕权贵的嵇康

嵇康与山涛是好友,在山涛即将高迁之时,引荐嵇康接替他现在的职务,嵇

康得知此事时,写了《与山巨源绝交书》这篇散文,拒绝山涛的引荐。这一举动既看出了嵇康洒脱不羁,不阿谀权贵的性格,也深切地体现了他对司马氏集团的不满。

二 抱朴守拙 涉世之道

原文

涉世①浅,点染②亦浅;历事深,机械③亦深。故君子与其练达,不若朴鲁④;与其曲谨⑤,不若疏狂⑥。

注释

①涉世:经历世事。②点染:是指一个人沾上不良社会习气,被玷污的意思。③机械:原指巧妙器物,此处比喻人的城府。④朴鲁:朴实、粗鲁,此处指憨厚、老实。⑤曲谨:拘泥于小节,谨慎求全。⑥疏狂:放荡不羁,不拘小节。

译文

涉世不深的人,沾染的不良习惯也少;阅历比较丰富的人,权谋奸计也多。所以做一个君子,与其精神老练,熟悉人情世故,不如淳朴天真;与其处处谨小慎微,不如行为狂放,不拘小节。

三 心事宜明 才华应韫

原文

君子之心事,天青日白,不可使人不知;君子之才华^①,玉韫(yùn)珠藏^②,不可使人易知。

注释

①才华:表露于外的才能。②玉韫珠藏:珍藏。

译文

君子的心事像青天白日一样光明,没有什么不可告人的事;君子的才华像珠玉一样深藏,不能轻易炫耀而让人知道。

四 出淤泥不染 明机巧不用

原文

势利^①纷华,不近者为洁,近之而不染者为尤洁;智械机巧^②,不知者为高,知之而不用者为尤高。

注释

①势利:指权势和利欲。②智械机巧:用心计,使权谋。

译文

　　不接近权势名利的人是高洁的,面对权势名利,却能够不为之动心的人更为高洁;不懂得权谋诡计的人是清高的,懂得权谋诡计却不去用的人更加清高。

五　耳闻逆耳言　心怀拂心事

原文

　　耳中常闻逆耳①之言,心中常有拂心之事,才是进德修行的砥(dǐ)石。若言言悦耳,事事快心,便把此生埋在鸩(zhèn)毒②中矣。

注释

　　①逆耳:某些尖锐中肯的话听起来使人感到不舒服。②鸩毒:毒酒。

译文

　　耳中常听到不中听的忠言,心中常想到不如意的事,这才是修炼德行的磨刀石。如果听到的全是好听话,遇到的全是称心事,就等于把这一生葬送在毒酒里了。

六　和气喜神　天人一理

名师导读

　　愉悦的心情对我们每个人都很重要。那么古人是怎么看待心情在人的成长中的作用呢?

菜根谭

原文

疾风怒雨,禽鸟戚戚①;霁(jì)日光风②,草木欣欣。可见天地不可一日无和气,人心不可一日无喜神③。

名师按语

①戚戚:忧愁而惶惶不安。②霁日光风:指天气晴朗,风和日丽。霁,雨后晴朗。③喜神:心神愉悦。

译文

狂风暴雨的天气会使鸟兽忧伤,晴空万里的日子则使草木充满生机。可见天地之间不能一天没有和平的环境,人的心中不能一天没有愉快的心情。

赏析·启示

古人用自然界中天气的变化阐述了一个深刻的道理,万事万物生长、发展需要和谐平静的生活环境,只有在平和的环境中才能得以生存。人类的内心也是如此,只有身心愉悦,才能健康快乐地成长。

学习·拓展

怎样保持愉悦的心情?

对任何事情抱有一颗平常心,保持良好的心态,要养成良好的作息习惯,生活有规律,情绪才会稳定。同时,还要培养自己的兴趣,把生活和工作中的压力转为动力;结交三五个知己好友,偶尔相聚,畅所欲言,快意人生。

七 真味是淡 至人是常

原文

醲①(nóng)肥辛甘非真味②,真味只是淡;神奇③卓异④非至人,至人只是常。

注释

①醲:美酒。②真味:美妙可口的味道,比喻人的自然本性。③神奇:指才能智慧超越常人。④卓异:才智过人。

译文

美酒佳肴和大鱼大肉都不是真正的美味,最自然的口味是清淡。言谈举止超出众人的人,并不是道德修养最高的人,道德修养最高的人,举止只不过和普通人一样。

八 闲时吃紧 忙处悠闲

原文

天地寂然①不动,而气机②无息少停;日月昼夜③奔驰,而贞明④万古不易。故君子闲时要有吃紧的心思,忙处要有悠闲的趣味。

注释

①寂然:宁静。②气机:指大自然的活动。机,活动。③昼夜:夜以继日,也就

是通宵的意思。昼,白天。④贞明:指光辉永照。

译文

　　天地看起来寂静不动,而内在的变化却没有一刻停止;日月每刻都在运行,而它们的光辉却永恒不变。所以君子在清闲时要有应急的准备,繁忙时要有悠闲的情趣。

九　静坐观心　真妄毕现

原文

　　夜深人静,独坐观心①,始觉妄②穷而真独露,每于此中得大机趣③;既觉真现而妄难逃,又于此中得大惭忸④(niǔ)。

注释

　　①观心:佛家语,指观察一切事物,当自我反省解。②妄:妄见,妄念。③机:极细致;趣:当境地解。机趣即隐微的境地。④大惭忸:此指很惭愧。

译文

　　夜深人静时独坐着反省自己,才感到杂念都消失了,只有本性显露出来,常常在这个时候才能体会到生命的真正乐趣。但又觉得真心的流露是暂时的,世俗的非分杂念却难以最终摆脱,这个时候才感觉最惭愧。

十 快意早回头 拂心莫放手

原文

恩①里由来生害,故快意②时须早回头;败后或反成功,故拂心③处莫便放手。

注释

①恩:恩惠,蒙受好处。②快意:得意,心情舒畅。③拂心:不能随便依自己的心愿行事。

译文

受到恩宠常常会招致祸害,所以得意的时候要早些回头;失败以后,有时继续下去反而会成功,所以不顺心的时候不要轻易放弃。

十一 澹泊①以明志 肥甘以丧节

名师导读

俗话说"平静的湖面练就不出精悍的水手,安逸的生活造就不出时代的伟人。"只有淡泊的生活才可以锤炼人的意志。

名师按语

①澹泊:甘于寂静无为的生活环境。②藜口苋

原文

藜(lí)口苋(xiàn)肠者②,多冰清玉洁③;衮衣玉

菜根谭

食④者，甘婢膝奴颜。盖志以澹泊明，而节从肥甘丧也。

译文

吃粗茶淡饭的人，多具有冰清玉洁的品格；锦衣玉食的人，往往甘心卑躬屈膝。所以志气是在淡泊生活中表现出来的，而节操是在奢侈享乐中丧失的。

名师按语

肠者：指平民百姓。③冰清玉洁：形容人的品质像冰一样清澈透明，像玉一样纯洁无瑕。④衮衣：古代帝王所穿的衣服，比喻华服；玉食：形容山珍海味等美食；衮衣玉食，华服美食。

赏析·启示

生活环境往往决定一个人的品行，越是艰苦的条件越容易修养身心，所以本篇主张在艰苦的环境中砥砺品格，历练成才。

学习·拓展

诸葛教子

诸葛亮曾告诫自己的孩子"非淡泊无以明志，非宁静无以致远。"从中我们可以看出他对孩子的忠告与劝勉。他教育自己的孩子要懂得规划自己的人生，不要事事追求名利，只有这样能够了解自己的志向，静下心来，好好地为自己的将来打算。

十二 田地放宽 恩泽流长

原文

面前的田地①要放得宽，使人无不平之叹②；身后的惠泽要流得久，

使人有不匮(kuì)之思③。

注释

①田地：指心胸，心田。②不平之叹：对事情有不平时所发出的感叹。③不匮之思：比喻永恒的思念。

译文

为人要心胸开阔，才不会招别人怨恨；死后的恩惠要流传长远，才会赢得人们永远的怀念。

十三 窄路留一步 浓味减三分

原文

路径①窄处，留一步与人行；滋味浓的，减三分让人尝。此是涉世一极乐法。

注释

①路径：道路。

译文

道路狭窄的地方，要留一步，让别人能走过去；味道好吃的东西，要留一些给别人尝。这是处世中取得快乐的最好方法。

十四 脱俗入流 减欲入圣

原文

作人无甚高远事业,摆脱得俗情①便入名流;为学无甚增益功夫,减除得物累②便臻(zhēn)圣境③。

注释

①俗情:世俗之人追逐利欲的意念。②物累:心为外物所牵累,也就是思想遭受物欲等杂念干扰。③圣境:是指至高无上的境界。

译文

做人不需要干什么伟大的事业,只要能摆脱世俗之心便成为名人;做学问也没有什么特别的诀窍,只要不受外物的诱惑就达到了圣贤的境界。

十五 侠义交友 素心为人

原文

交友须带三分侠气①,作人要存一点素心②。

注释

①侠气:指对朋友患难相助的义气,拔刀相助的侠义精神。②素心:素本来指纯白细绢,引申为纯洁,也就是通常所说的赤子之心。

译文

交朋友要带几分豪气,做人要保留一点赤诚之心。

十六 德居人前 利在人后

名师导读

　　人的一生中会面对很多诱惑,比如功名、财富等,面对这些诱惑,我们应该做出怎样的选择呢?

原文

　　宠利①毋居人前,德业②毋落人后,受享毋逾分(fèn)外,修为③毋减分中。

名师按语

①宠利:荣誉、金钱和财富。②德业:德行,事业。③修为:品德修养。修,涵养学习。

译文

　　恩宠、利益不要抢在别人的前面,修养、道德、干事业不要落在别人的后面。享受应得的利益不要超过自己的本分,修养道德要尽到本分,不能减少。

赏析·启示

　　世事无常,对他人多一分宽容和关怀便多一分平稳和安心,而多一分狡诈和算计便多了一分惊恐和凶险。应得的需要努力去争取,应做的就要尽力完成。

学习·拓展

淡泊名利的居里夫人

居里夫人是一位伟大的科学家,她曾两次获得诺贝尔奖,并且是在两个不同的领域里,分别是诺贝尔物理学奖和诺贝尔化学奖。她一生不慕名利,潜心于科学事业,发现镭和钋两种放射性元素,但她并没有把自己的研究成果申请专利,而是将之公布于众,这一做法大大推动了化学学科的发展。

十七 忍让为高 利人利己

原文

处世①让一步为高,退步即进步的张本②;待人宽一分是福,利人实利己的根基。

注释

①处世:度过世间,即一个人活在茫茫人海中的基本做人态度。②张本:前提,准备。

译文

为人处世让一步是高明的,退让实际上是进步的基础;待人宽厚一点儿是福德,便利别人是便利自己的根基。

十八　骄而无功　忏悔灭罪

原文

盖世功劳，当不得一个"矜"①（jīn）字；弥天②罪过，当不得一个"悔"字。

注释

①矜：骄傲、自负。②弥天：满天、滔天。

译文

一个人即使功高盖世，只要骄傲就会功绩全无；一个人即使犯下弥天大错，只要悔过，也能弥补以前的罪过。

十九　美名不独享　污名不推脱

原文

完名美节，不宜独任，分些与人，可以远害全身①；辱行污名，不宜全推，引些归己，可以韬（tāo）光②养德③。

注释

①远害全身：远离祸害，保全性命。②韬光：韬光是掩盖光泽，比喻掩饰自己的才华。韬，本义是剑鞘，引申为掩藏。③养德：修养品德。

译文

完善的名节,不应该独自拥有,要分些给别人,才可以避免祸害;不光彩的名声,不应该全推给别人,自己承担一些,才能隐藏锋芒,修养品德。

二十 留有余地 恰到好处

原文

事事要留个有余不尽的意思,便造物①不能忌我,鬼神不能损我。若业必求满,功必求盈者,不生内变,必召外忧②。

注释

①造物:指创造天地万物的神,通称造物主。②外忧:外来的攻讦、忌恨、祸患。

译文

做每件事都要留有余地,造物主就不会嫉恨我,鬼神也不会伤害我;如果总是追求事业完满,功业完善,即使内部不发生变乱,也一定会招来外在的忧患。

二十一 诚心和气 胜于观心

名师导读

怎样才能化解人与人之间的矛盾,如何与人交流?看本节有何见解?

菜根谭

　　家庭有个真佛①,日用有种真道。人能诚心和气,愉色②婉言,使父母兄弟间形骸(hái)两释③,意气交流④,胜于调息观心万倍矣!

译文

　　家庭生活、日常做事要有一个真正信奉的道理,人与人能够平心静气真心相待,态度愉快,语言委婉,使父母兄弟间消除隔阂,思想能够交流,要比静坐调息内省强上万倍。

名师按语

　　①真佛:真正的佛,此当信仰。②愉色:脸上所出现的快乐的面色。③形骸两释:指人我之间没有身体外形的对立,也就是人与人之间和睦相处。④意气交流:彼此的意态和气概互相了解,互相影响。

赏析·启示

　　人与人之间相处,最重要的是要保持一种愉悦的态度,用一种能让对方接受的语气进行沟通交流。只有在和谐的氛围下,才能消除彼此之间产生的误会,减少隔阂。这不仅是为人处世之道,更是修身养性之法。

学习·拓展

什么是信仰?

　　信仰是心灵的产物,信仰是个人行为,团体建立起来的信仰很难维持。哲学意义上的信仰是指一个人的信任所在,但与信任不同,信仰包含着个人的价值。信仰的作用极其重要,它可以支撑道德,提升人们的道德境界,是人类社会生活必不可少的基本条件。

二十二 动静适宜 道之真体

原文

好动者,云电风灯①;嗜寂者②,死灰槁(gǎo)木③。须定云止水④中,有鸢(yuān)飞鱼跃⑤气象,才是有道的心体。

注释

①云电风灯:形容短暂、不稳定。②嗜寂者:特别好静的人。③死灰:指熄灭后的灰烬;槁木:指枯树,比喻丧失生机的东西。④定云止水:比喻极为宁静的心境。定云,停在一处不动的云;止水,停在一处不流的水。⑤鸢飞鱼跃:指极为宁静中的动态。

译文

生性好动的人像云中的闪电、风中的烛火一样动荡不安,喜欢安静的人像熄灭的冷灰、枯干的树木一样死气沉沉。只有像安闲的云里有鸢鸟飞动、平静的水中有鱼儿跃起,才是有道之人应有的胸怀。

二十三 攻人毋太严 教人毋过高

原文

攻①人之恶②毋太严,要思其堪受;教人以善毋过高,当使其可从。

注释

①攻：攻击、指责。②恶：指缺点、过错、隐私。

译文

批评别人的缺点不要太严格，要想想他能不能接受得了；教别人做善事不要要求太高，要让别人可以做得到。

二十四　洁自污出　明从暗生

原文

粪虫①至秽②(huì)，变为蝉③而饮露于秋风④；腐草无光，化为萤而耀采于夏月。故知洁常自污出，明每从晦生也。

注释

①粪虫：原意为尘芥中所生的蛆虫，动物学上指蛴螬(金龟子的幼虫)，传说为蝉的幼虫。②秽：脏臭的东西。③蝉：又名知了，幼虫在土中吸树根汁，蜕变成蛹后而登树，再蜕壳成蝉。④饮露于秋风：蝉不吃普通的食物，只以喝露水为生，古人以此为高洁的象征。

译文

粪土中的小虫是最肮脏的，一旦蜕变成蝉却在秋风中饮清洁的露水为生；腐烂的野草是没有光泽的，一旦变成萤火虫却在夏天的夜晚发出荧荧的光亮。由此可知清洁往往出自污秽，光明往往诞生于黑暗。

二十五 客气下而伸正气 妄心杀而现真心

原文

矜高倨(jù)傲①,无非客气②,降伏得客气下,而后正气③伸;情欲意识④,尽属妄心,消杀得妄心尽,而后真心现。

注释

①矜高倨傲:自夸自大,态度傲慢。②客气:言行虚矫,不是出于真诚。③正气:至大至刚之气。④意识:心理学名词,指精神的醒悟状态,此处有认识和想象等意。

译文

骄傲自大不过是一种虚浮之气,把这种浮气压下去,而后正气才能得以伸展;七情六欲等意念都是妄想,只有把妄想消灭干净了,真心才能够显现。

二十六 事悟痴除 性定动正

名师导读

每当你做完一件事情时,你会反思你在这件事情中都有哪些失误或是收获吗?

原文

饱后思味,则浓淡之境都消;色后思淫,则男女之见尽绝。故人常以

名师按语

事后之悔悟,破临事之痴迷,则性定①而动无不正。

①性定:性是本然之性,亦即是真心。性定即本性安定不动。

译文

吃饱之后再品菜的味道,咸淡的感觉都消失了。交欢后再回想淫欲,对异性的冲动一点儿也没有了。所以人们如果常用事后的悔悟去打破遇事时的痴迷,那么就能保持心性的稳定,行动就不会超出常规了。

赏析·启示

如果我们在做一件事情后,能够好好地总结自己的过错,在下一次遇到同样的事情时就会应对自如了。

学习·拓展

奇书《菜根谭》

《菜根谭》是一部修身养性,丰富人生的奇书。它融合儒家的中庸思想、道家的无为思想以及释家的出世思想。书中语录体的语言短小精悍,却意蕴深远,常常给人醍醐灌顶之感,阅读此书总会让你在人生不同阶段体会出不一样的哲理。

二十七 志在林泉 胸怀廊庙

原文

居轩冕①之中,不可无山林②的气味;处林泉之下,须要怀廊庙③的经纶④(lún)。

注释

①轩冕：古代大夫以上的官吏，出门时都要穿礼服坐马车，马车就是轩，礼服就是冕，轩冕比喻高官。②山林：泛指田园风光或闲居山野之间，喻隐退的意思。③廊庙：比喻在朝从政做官。④经纶：比喻策略。

译文

做高官的人，不能没有隐士的淡泊之气；隐居的人，应该有治理国家的心智。

二十八　无过是功　无怨是德

原文

处世不必邀①功，无过便是功；与人②不求感德③，无怨便是德。

注释

①邀：求取。②与人：帮助别人，施恩于人。③感德：感激他人恩德。

译文

处世不一定追求有功，无过就是有功；待人不追求让别人感激你的恩德，只要别人不怨恨自己就是有恩德。

二十九 忧勤勿太苦 待人勿太枯

原文

忧勤①是美德,太苦则无以适性怡情②;澹泊是高风③,太枯④则无以济人利物。

注释

①忧勤:绞尽脑汁、竭尽体力去做事。②适性怡情:使心情愉快,精神爽朗。③高风:高尚的情操或高风亮节。④枯:已经丧失生机的树木,这里指不近人情。

译文

勤劳多思是一种美德,但太辛苦了就无法使性情安适愉悦;淡泊是一种高尚的情操,但枯燥就无法有利于人和事。

三十 原其初心 观其末路

原文

事穷势蹙①(cù)之人,当原其初心;功成行满②之士,要观其末路③。

注释

①蹙:穷困或精疲力竭的意思。②功成行满:事业有所成就,一切都如意圆

满。③末路：本指路的终点，这里指最后结果。

译文

对于做事失败、地位不利的人，要推究他当初的本意；对于事业成功行为圆满的人，要看他的最后结果。

三十一 富宜宽厚 智宜敛藏

名师导读

若你聪明绝顶应该适时收敛；若你宝贵逼人，应该推己及人，而不是一味地炫耀自负。你知道其中的道理吗？

原文

富贵家宜宽厚而反忌刻①，是富贵而贫贱其行矣，如何能享？聪明人宜敛藏②而反炫耀，是聪明而愚懵③(měng)其病矣，如何不败？

名师按语

①忌：猜忌或嫉妒；刻：刻薄寡恩。②敛藏：深藏不露。③懵：本意指心神恍惚，喻对事物缺乏正确判断，不明事理。

译文

富贵的人家应该待人宽厚，但是却小气苛刻，这是身为富贵人而行为却像贫贱无知的人，怎么能长久地享受富贵呢？聪明的人应该掩藏自己的才智，但是却炫耀自己，这是人虽聪明却有愚蠢的行为，怎么能不失败呢？

赏析·启示

这段话告诉人们：当你拥有财富的时候要待人宽厚，若你才智过人，万望大智

若愚,掩藏自己的锋芒。只有这样,才能将财富积累下去,才能受到更多人的爱戴。

学习·拓展

孔子眼中的富贵

孔子曾主张在富贵、名利面前要追求道义。他曾说过这样的话:"饭疏食饮水,曲肱而枕之,乐亦在其中矣。不义而富且贵,于我如浮云。"孔子是想告诉大家在贫寒简单的生活中仍然要坚持道义,但是违背道义得来的财富却毫无价值。

三十二 登高思危 少言勿躁

原文

居卑①而后知登高之为危,处晦②而后知向明之太露③,守静④而后知好动之过劳,养默而后知多言之为躁。

注释

①居卑:泛指处于地位低的地方。②处晦:在昏暗的地方。③露:暴露。此处指显现、显露。④守静:隐居山林寺院的寂静心理。

译文

在低处才能知道登在高处的危险;在黑暗的地方才知道在亮处过于暴露;保持安静才知道四处奔波的辛苦;养成沉默的习惯才知道多说话是多么令人烦躁。

三十三 放得心下 才可入圣

原文

放得功名富贵之心下,便可脱凡①;放得道德仁义之心下,才可入圣②。

注释

①脱凡:脱俗,即超越尘世的意思。②入圣:进入伟大的境界。

译文

能够放弃追求功名富贵的想法,就可以超脱世俗;能够放弃追求仁义道德的想法,才可以进入圣人的境界。

三十四 偏见害心 聪明障道

原文

利欲未尽害心,意见①乃害心之蟊(máo)贼②;声色③未必障道,聪明乃障道之藩屏④。

注释

①意见:本意是意思和见解,此处为偏见、邪念。②蟊贼:世人把危害社会的败类称为蟊贼,这里当祸根解。③声色:泛指沉湎于享乐的颓废生活。④藩屏:藩

篱屏蔽,此处当最大障碍解。

译文

对利益的欲望未必害人,偏见才是毒害人心的蟊贼;喜爱美色歌舞不一定会影响一个人的前途,自作聪明才是人生道路的障碍。

三十五 知退一步之法 加让三分之功

原文

人情反复①,世路崎岖。行不去处,须知退一步之法;行得去处,务加让三分之功。

注释

①人情反复:是指人的情绪欲望反复变化无常。

译文

人情反复无常,世上的路崎岖不平。走不通的地方,要知道退一步的道理;行得通的时候,一定要让几分好处给别人。

三十六 不恶小人 礼待君子

名师导读

与人相处是一门学问,对待不同的人要有不同的交往法则,读读本节,看古人有怎样的心得?

名师按语

①小人：泛指无知的人，此处指品行不端的坏人。②恶：憎恨。

原文

待小人①，不难于严，而难于不恶②(wù)；待君子，不难于恭，而难于有礼。

译文

对待小人不难做到严厉，而难的是做到不厌恶他们；对待君子不难做到恭敬，重要的是做得符合礼节。

赏析·启示

对待他人我们要有宽广的心胸，面对他人所犯下的错误，要给予宽容，帮助他们去改正，而不是去厌恶、疏远他们。对待品德高尚的人，我们应该以同样高尚的品德和他们相处，向他们学习，而不是只限于恭维，只有这样才是对他最大的尊重，才能做一个道德高尚的人。

学习·拓展

儒家思想中的"君子"

"君子"一词在先秦诸子的著作中广泛出现。在儒家思想里君子一词通常都有道德上的意义，在《论语》中有这样的语句："君子之道者三，我无能焉。仁者不忧、知者不惑、勇者不惧。"这就是儒家对在道德侧面最具体的解释，是想说明君子需要有仁义，有智慧，有勇气，这样才适宜。

三十七 留正气还天地 遗清名在乾坤

原文

宁守浑噩①而黜②(chù)聪明,留些正气还天地;宁谢纷华③而甘澹泊,遗个清名在乾坤④。

注释

①浑噩:同浑浑噩噩,泛指人类天真朴实的本性。②黜:摒除。③纷华:繁华富丽。④乾坤:象征天地、阴阳等。

译文

宁可憨傻而不要聪明,在天地间留些正气;宁愿拒绝荣华富贵而甘心过平淡的生活,在世间留下一份清白名声。

三十八 降魔先降心 驭横先驭气

原文

降魔①者先降其心,心伏则群魔退听②;驭横③者先驭(yù)其气④,气平则外横不侵。

注释

①降:降伏。魔的本义是鬼,此处当修行障碍解。②退听:指听本心的命令,又当不起作用解。③驭横:控制强横无理的外物。④气:当情绪解。

译文

要降伏恶魔的人先要降伏自己心中的邪念,心中的邪念被降伏了,所有的恶魔都会退去;想驾驭世事的人先要驾驭自己的浮躁之气,浮躁之气平息了,外在的纷扰就不会侵入。

三十九 种田地除草长 教弟子谨交游

原文

教弟子①如养闺女,最要严出入,谨交游。若一接近匪人②,是清净田中下一不净种子,便终身难植嘉禾③矣!

注释

①弟子:此处同子弟。②匪人:泛指行为不正的人。③嘉禾:指长得特别茂盛的稻谷。

译文

教育青年人就好像养育未出嫁的姑娘,一定要严格管理她的生活,与人交往要谨慎。一旦接近了不规矩的人,就像在良田里种下一粒有毒的种子,永远难以长出好庄稼来了。

四十 欲路上事勿染 理路上事勿退

原文

欲路①上事,毋乐其便而姑为染指②,一染指便深入万仞③(rèn);理路上事,毋惮其难而稍为退步,一退步便远隔千山。

注释

①欲路:泛称有关欲念、情欲、欲望,也就是佛家所说的"五欲烦恼"的意思。②染指:喻巧取不应得的利益。③仞:古时以八尺为一仞。

译文

欲望上的事不要因为方便就去沾染,一沾染上就跌入了万丈深渊;道义上的事不要因为害怕困难就退却,一退缩就像远隔千万重高山,将无法达到目的地。

四十一 不可浓艳 不宜枯寂

名师导读

人们对待生活的态度各不相同,所以我们待人接物的态度也不尽相同,那么本节对此有何高明的见解呢?

原文

念头浓①者自待厚,待人亦厚,处处皆厚;念头淡②者自待薄,待人亦

名师按语

①念头浓：心胸宽厚。念头当想法或动机解。②淡：浅薄。③居常：日常生活。④浓艳：指丰盛豪华，此处当奢侈无度解。

薄，事事皆薄。故君子居常③嗜好，不可太浓艳④，亦不宜太枯寂。

译文

生活欲望强的人自己生活优厚，对待别人也很宽厚，什么地方都讲究享受；生活欲望淡泊的人，对自己生活处理俭朴，对待别人也吝啬，每件事都显得枯燥无味。所以君子平常的嗜好不可以太奢求，也不应该太俭朴。

赏析·启示

人总是需要一个度来控制自己的行为和内心。我们既不能享受和追求奢侈的生活，也不能对自己过于吝啬。只有这样，才可以使自己的生活平和，心情愉悦。

学习·拓展

如何宽厚待人？

待人宽厚意味着我们待人要诚恳，友善。不在小的事情上计较，要学会多多谅解他人，要学会得饶人处且饶人。他人错误时，要言辞恳切，不恶语伤人。

四十二 超越天地之外 不入名利之中

原文

彼富我仁，彼爵我义，君子故不为君相所牢笼①；人定胜天，志一动气，君子亦不受造化②之陶铸③。

注释

①牢笼:牢的本义是指养牛马的地方,此含有限制、束缚等意。②造化:此指自然界的创造者。③陶铸:陶是黏土制器,铸是熔金为器。

译文

那些贵族有钱有地位,我却有仁义道德,所以君子不被君主丞相所笼络;人一定能战胜自然,意志坚定就可以拥有无坚不摧的力量,所以君子不受造物主的限制。

四十三 高一步立身 退一步处世

原文

立身①不高一步立,如尘里振衣②,泥中濯(zhuó)足③,如何超达④? 处世不退一步处,如飞蛾投烛⑤,羝(dī)羊触藩⑥,如何安乐?

注释

①立身:在社会上立足,待人接物。②尘里振衣:振衣是抖掉衣服上沾染的灰尘,故在灰尘中抖去尘土会越抖越多,喻做事没有成效,甚至相反。③泥中濯足:在泥浆里洗脚,必然是越洗越脏,喻做事白费力气。④超达:超脱世俗,见解高明。⑤飞蛾投烛:当飞蛾接近灯火就会葬身火中,喻自取灭亡。⑥羝羊触藩:公羊健壮鲁莽,喜欢用犄角顶撞,往往把犄角卡住不能自拔,世人就用羝羊触藩比喻做事进退两难。

修养品德如果不高出别人一步，就像在灰尘里抖衣服、泥水中洗脚，怎么能够超凡脱俗呢？处世如果不退一步考虑，就像飞蛾扑火、公羊角撞篱笆一样，怎么能够安乐？

四十四 修德须忘名 读书要深心

原文

学者要收拾精神①，并归一路②。如修德而留意于事功③名誉，必无实诣④；读书而寄兴⑤于吟咏风雅，定不深心。

注释

①收拾精神：指收拾散漫不能集中的意志。②并归一路：指合并在一个方面，也就是专心研究学问。③事功：事业。④实诣：实在造诣。⑤兴：兴致。

译文

学者要把精力聚集到一条路上，如果一面修养道德，一面关心名声荣誉和事业成功，一定没有真正的造诣；读书而感兴趣于吟诗作赋，一定没有深的学问。

四十五 真伪之道者 一念之差也

原文

人人有个大慈悲，维摩屠刽无二心也；处处有种真趣味，金屋茅檐非两

地也。只是欲闭情封,当面错过,便咫(zhǐ)尺①千里矣。

①咫尺:一咫是八寸,一尺十寸,咫尺指极短的距离。

📖译文

人人都有大慈大悲之心,维摩诘和屠夫、刽子手并没有两种心灵;生活中处处都有真谛,华贵的金屋和简陋的茅屋并没有什么区别。只是人们被感情和欲念所遮蔽,便当面错过了真心真趣,虽然只相隔咫尺却杳如千里了。

四十六 道有木石心 相具云水趣

📖名师导读

对品格的修养其实是对心的修养,那么需要保有怎样的心智才能提高自身的修养呢?

名师按语

①修道:泛指修炼佛道两派心法。②木石:木柴和石块都是无欲望无感情的物体,喻无情欲。③云水:佛家称行脚僧为云水,这种和尚手持三宝云游天下,四海为家毫无牵挂,行迹飘忽有如行云流水。④贪着:对富贵等欲念的执着。

📖原文

进德修道①,要个木石②的念头,若一有欣羡,便趋欲境;济世经邦,要段云水③的趣味,若一有贪着④,便堕危机。

📖译文

提高品德修养,要有像木头、石头一样冷静的心,如果有一点儿对世俗的羡慕,就进入了充满欲望的世俗境

界;治理国家的人要有闲适的情致,一有贪心或执迷,就会使事业陷入危机。

赏析·启示

提高品德修养,就要有一颗心如止水的心,不能对世俗世界抱有幻想,同样要想做一番事业也不能有过多的奢望,要踏踏实实,避免使自己的事业陷入危机。

学习·拓展

道家的无为思想

"无为"这一思想是道家创始人老子提出的,"无为"是一种精神境界,是道家思想最基本的精神之一,其本质就是要顺其自然,保持天然纯真的本性,达到道家所倡导的无为而无不为的境界。

四十七 吉人和气 凶人杀气

原文

吉人①无论作用安祥②,即梦寐神魂③无非和气;凶人无论行事狠戾(lì),即声音笑语④浑是杀机。

注释

①吉人:心地善良的人。②作用安祥:言行从容不迫。③梦寐神魂:指睡梦中的神情。④声音笑语:言谈说笑。

译文

　　和善的人日常举止文雅,即使是睡着时的神态也都是和气的;凶恶的人做事毒辣,即使是说笑时也会露出杀机。

四十八　欲无祸昭昭　勿得罪冥冥

原文

　　肝受病,则目不能视;肾受病,则耳不能听。病受于人所不见,必发于人所共见。故君子欲无得罪于昭昭①,先无得罪于冥冥②(míng)。

注释

　　①昭昭:显著,明显可见,公开场合。②冥冥:昏暗不明的隐蔽场所。

译文

　　肝有了病,眼睛便看不见东西;肾有了病,耳朵就听不见声音。人们看不见的地方病了,一定会在人们都能看到的地方表现出来。所以君子想在众目睽睽之下掩饰过错,一定要在人们看不到的地方不犯错。

四十九　多心为祸　少事为福

原文

　　福莫福于少事①,祸莫祸于多心。唯苦事者方知少事之为福,唯平心者始知多心之为祸。

注释

①少事:指没有烦心的琐事。

译文

最大的幸福是事情少,最大的祸患是多心。只有苦于事多的人,才知道事少是一种幸福;只有心情恬静的人,才知道多心的祸患。

五十 处世当方圆自在 待人宜宽严自得

原文

处治世①宜方②,处乱世③宜圆④,处叔季之世⑤当方圆并用。待善人宜宽,待恶人宜严,待庸众之人当宽严互存。

注释

①治世:指太平盛世,政治清明,国泰民安。②方:指品行端正。③乱世:治世的对称。④圆:没有棱角,圆通,圆滑,随机应变。⑤叔季之世:古时少长顺序按伯、仲、叔、季排列,叔季在兄弟中排行在后,比喻末世将乱的时代。

译文

生活在清明的时代,处世应当正直;生活在战乱的年代,处世应当圆滑;生活在末世,处世应当正直与圆滑两种手段并用。对待好人应当宽厚,对待恶人应

当严厉,对待平常的众人应当既宽仁又严厉。

五十一 忘功念过 忘怨念恩

名师导读

"面朝大海,春暖花开。"形容人心宽广,世间万物都会变得更加美好。

名师按语

①功:对他人有恩或有帮助的事。②过:对他人的欺疚或冒犯言行。

原文

我有功①于人不可念,而过②则不可不念;人有恩于我不可忘,而怨则不可不忘。

译文

我对别人有功,不要记住,有了错却不可以忘记。别人对我有恩不能忘,而对我有私怨,却不能不忘。

赏析·启示

做人心胸宽厚是很关键的。不要忘记别人对你的好,也不要过于纠结别人对你的不好。"忘功念过,忘怨念恩。"这样才能拥有一个积极向上的人生态度,才能发现世间更多的美好。

学习·拓展

忘怨念恩

有这样一个故事,两个人一同出去玩,一个人不小心将另一个人的手划破了,另一个人在沙子上写下:"今天我的好朋友将我的手划破。"后来,他的脚不小心崴了时,另一个人细心照顾他,直到他的脚完全康复。他用刀子在石头上刻下:"今天我的朋友帮了我。"他的朋友疑惑不解地问他为什么时,他答道:"写在沙子上是想让这件事随风远去,刻在石头上是想说明尽管岁月流逝,也不会让我忘记朋友对我的恩德。"

五十二 施之勿求 求则无功

原文

施恩者,内不见己,外不见人,则斗粟①可当万钟②之惠;利物者,计己之施,责人之报,虽百镒③(yì)难成一文之功。

注释

①斗粟:斗是量器名,十升为一斗。粟是古时五谷的总称,凡未去壳的粮食都叫粟。②万钟:钟是古时量器名。万钟形容多。③镒:古时重量名,二十四两为一镒。

译文

给别人恩惠的人,自己内心并不在意,也不会让人知道,但是即使恩惠不多,别人也会隆重地回报。给别人好处的人计算自己的给予,希望别人回报他,即使恩惠很多,却没有一点儿功劳。

五十三 相观对治 方便法门

原文

人之际遇①，有齐②有不齐，而能使己独齐乎？己之情理③，有顺有不顺，而能使人皆顺乎？以此相观对治④，亦是一方便法门。

注释

①际遇：机会境遇。②齐：相等、相平之意。③情理：此处指情绪，也就是精神状态。④相观对治：相互对照修正。治是修正。

译文

人的命运有幸运的，有不幸的，怎能使自己事事幸运呢？自己的心情有好有坏，怎能要求众人都心平气和呢？用这些互相参考，也是处世的一个方便办法。

五十四 恶人学古 适以济恶

原文

心地干净①，方可读书学古。不然，见一善行，窃以济私②，闻一善言，假以覆短③，是又藉寇兵④而赍⑤(jī)盗粮矣。

注释

①心地干净：心性洁白无瑕。②窃以济私：偷偷用来满足自己的私欲。③假

以覆短：借佳句名言掩饰自己的过失。④兵：武器。⑤赍：付与。

译文

心无杂念才可以读书学习古人的道理。不然，看见一种好行为就私下用来为自己谋私，听见一句好话就借用来为自己护短，这种行为就如同把兵器送给了强盗，把粮食运给了土匪。

五十五　崇俭以养廉　守拙以全真

原文

奢者富而不足，何如俭者贫而有馀？能者劳而伏怨，何如拙者逸①而全真？

注释

①逸：安乐、安闲。

译文

生活奢侈的人东西富有却不够用，怎么能比得上节俭的人，贫穷，东西却有剩余？有才能的人劳累但心中怨恨，怎能比得上愚拙的人，闲散，却保持了本性？

五十六　书见贤学躬行　官爱民业种德

名师导读

做任何事情都要恪守本分，立足岗位。看看古人在这方面是怎么要求自己的吧！

菜根谭

原文

读书不见圣贤，为铅椠(qiàn)佣①；居官不爱子民，为衣冠盗②；讲学不尚躬行，为口头禅；立业不思种德，为眼前花。

名师按语

①铅椠佣：即写字匠。②衣冠盗：偷窃俸禄的官吏。

译文

读书不学习圣贤，就是文字的奴隶；做官不爱民，就是衣冠楚楚的强盗；讲学问不崇尚实践，就像随口念经却不悟佛心的和尚；建立功业不想着培养道德，就像开放的花朵，转眼就会凋谢。

赏析·启示

这段话告诉我们无论是学习还是工作，我们都要认认真真努力做到最好，只有这样才能学有所成，才能在工作中贡献自己的聪明才智。

学习·拓展

爱民如子的唐太宗

唐太宗李世民是唐朝的第二位皇帝，他在位期间，虚心纳谏，推行一系列政策使得百姓可以休养生息，各民族融洽相处，边疆稳定，呈现出一派国泰民安，繁荣昌顺之景。开创了著名的贞观之治。

五十七 扫外物之锢 觅本来之用

原文

人心有部真文章,都被残编断简①封锢(gù)了;有部真鼓吹②,都被妖歌艳舞湮(yān)没了。学者须扫除外物,直觉本来,才有个真受用。

注释

①残编断简:把书写在竹片上叫简,指古代遗留下来残缺不全的书籍。此处指物欲杂念。②鼓吹:古代用鼓、钲、箫、笳等合奏的乐曲,泛指音乐。

译文

人的心里都有一本真正的文章,却被杂乱不全的文章遮盖了;有一首真正的乐曲,都被那些妖艳淫乐的歌舞掩盖了。治学的人只有清除身外之物,直寻自己的本心,才会真正享受其中的乐趣。

五十八 苦中得乐 乐中有悲

原文

苦心①中,常得悦心之趣②;得意时,便生失意之悲。

注释

①苦心:困苦的感受。②悦心之趣:使心中喜悦而有乐趣。

菜根谭

译文

心存艰苦时,常能体会到令人喜悦的趣事;顺心得意时,就会出现失意的愁苦。

五十九 富贵名誉 道德来也

原文

富贵名誉,自道德来者,如山林中花,自是舒徐①繁衍;自功业来者,如盆槛中花,便有迁徙废兴;若以权力得者,如瓶钵(bō)中花②,其根不植,其萎可立而待矣。

注释

①舒徐:指从容自然。②瓶钵中花:瓶钵是僧人用具,指插在花瓶里的无根之花。

译文

凭道德高尚得来的富贵名誉,像山中的花,慢慢开放,生长起来;凭建功立业得来的财富名声,就像盆中的花,随时有兴旺和枯萎的变化;如果是靠权力得来的,就像瓶中的花,没有根基,很快就会枯萎。

六十 花鸟美色音 君子好言事

原文

春至时和①，花尚铺一段好色②，鸟且啭③（zhuàn）几句好音。士君子幸列头角④，复遇温饱，不思立好言、行好事，虽是在世百年，恰似未生一日。

注释

①时和：气候和暖。②好色：美景。③啭：鸟的叫声，发出婉转悠扬声。④头角：指气象峥嵘，比喻才华出众，一般说成"崭露头角"。

译文

到了春天天气暖和，花还要开出一片美丽的颜色，鸟还要叫出几声好听的声音。君子士人如果侥幸出人头地，又能过上衣食不愁的生活，却不想留下好的名声，做些好事，即使在世界上生活百年，也就像一天没活一样。

六十一 心思兢业 趣味潇洒

名师导读

为什么需要劳逸结合呢？文中以学者为例，阐述了苦中寻乐的重要思想。

菜根谭

📖原文

学者有段兢业①的心思，又要有段潇洒②的趣味。若一味敛束③清苦，是有秋杀④无春生，何以发育万物？

📖译文

学者要有一种兢兢业业的思想，又要有一份潇洒的情趣。如果一味约束和贫苦，就像只有秋天的肃杀而没有春天的生机一样，怎么能滋润万物呢？

名师按语

①兢业：也可作兢兢业业、小心谨慎、尽心尽力解。②潇洒：清高绝俗，放荡不羁，不受任何拘束的风貌。③敛束：收敛，约束。④秋杀：秋天气象凛冽，毫无生机。秋杀与春生对称。

赏析·启示

无论是在学习还是工作中，我们都要有"苦中寻乐"的精神，否则我们的生活就会失去乐趣，失去方向。当一切兴趣消磨殆尽，我们的生活也失去了意义，所以我们在兢兢业业的同时，也要适度的"洒脱"。

学习·拓展

洒脱的陶渊明

陶渊明一生恬淡洒脱，营造了一个属于自己的桃花源。在他的世界里，他可以"采菊东篱下，悠然见南山"，他有着自己独立的人格世界，他追求至真至纯的世界，他过着隐士的生活，追求乐知天命的人生。

六十二 立名者贪 用术者愚

原文

真廉无廉名，立名者正所以为贪；大巧①无巧术，用术者乃所以为拙。

注释

①大巧：聪明绝顶。

译文

真正廉洁的人没有廉洁的美名，立名正是因为他有贪念；最灵巧的人不使用权术，用权术正是愚蠢之举。

六十三 宁虚勿溢 宁缺勿全

原文

欹(qī)器①以满覆，扑满以空全。故君子宁居无，不居有；宁处缺，不处完。

注释

①欹器：古代用来汲水的陶罐，因提绳位于罐体中部，所以，一旦装满了水就会翻倒，当水满一半时能端正直立，当水空时就倾斜，古代帝王把它放在座位左侧，作为规劝警惕的器具。

译文

　　倾斜的容器因为装满水而倾倒,储蓄盒因为空无一钱而得以保全。所以君子宁愿处在无的境地而不愿处在有的境地,宁愿有所遗憾而不愿十全十美。

六十四 名利堕尘俗 客气归剩技

原文

　　名根①未拔者,纵轻千乘②甘一瓢③(piáo),总堕尘情;客气未融者,虽泽四海利万世,终为剩技。

注释

　　①名根:名利的念头,即功利思想。②千乘:古时把一辆用四马拉的车叫一乘。③一瓢:用瓢来饮水吃饭的清苦生活。

译文

　　名利之心没有消除,纵然轻视富贵甘于简陋生活,也总是陷于世俗之情;矫饰之心没有化解,虽然恩泽遍布四海、流传千古,最终也是无用的伎俩。

六十五 心体须光明 念头勿暗昧

原文

　　心体①光明,暗室②中有青天;念头暗昧,白日下生厉鬼。

注释

①心体：指智慧和良心。②暗室：隐秘不为他人所见的地方。

译文

心地光明，即使在黑暗的屋子中也好像在万里晴空下；心地阴暗，即使在明亮的阳光下也会遇见阴森的厉鬼。

六十六　无名无位　无忧无虑

名师导读

"天下熙熙皆为利来，天下攘攘皆为利往"，长久以来，人们为了追求名利，营营苟苟，并以之为乐，却不知无名无利才是真正的快乐。

名师按语

①名位：泛指名誉和官位，也就是功名利禄。

原文

人知名位①为乐，不知无名无位之乐为最真；人知饥寒为忧，不知不饥不寒之忧为更甚。

译文

人们知道有名有利是件乐事，却不知道没有名声地位才是真正的快乐。人们知道饥饿寒冷是令人忧愁的，却不知不饿不冷时的忧愁更深。

赏析·启示

有的时候拥有的越多，心中的羁绊便会越多。每上一个高度，还有更高的

高度让你奔波惦念。因此,人的欲望是无穷无尽的,是没有办法满足的。如果我们苟求名利的多少,地位的高低,就会过上无忧无虑的生活。

学习·拓展

至人无己,神人无功,圣人无名

这句话是庄子《逍遥游》中的核心名句,庄子已经不仅仅局限于不追求功名的神人和圣人,至人无己是庄子追求的最高境界。至人就是庄子认为的道德修养极高的人,这样的人就要顺应自然,忘掉自己。

六十七 阴恶者恶大 显善者善小

原文

为恶而畏人知,恶中犹有善路①;为善而急人知,善处即是恶根②。

注释

①善路:向善学好的路。②恶根:过失的根源。

译文

做了坏事怕别人知道,罪恶中还有通往善的途径;做了好事急着让人知道,好事里已埋下了恶的根源。

六十八 居安思危 天者无用

原文

天之机缄①(jiān)不测,抑而伸,伸而抑,皆是播弄英雄,颠倒豪杰处。君子只是逆来顺受,居安思危,天亦无所用其伎俩矣。

注释

①机缄:一动一闭而生变化,比喻气运的变化,支配事物变化的力量。

译文

命运的奥妙难以预测,有时它会先抑制你再使你发愤图强,有时是先使你实现抱负再使你受到压制,这都是对英雄豪杰的捉弄。君子只要百依百顺,居安思危,那么上天的伎俩也无处可用。

六十九 欲建功业 必绝偏激

原文

躁性者火炽,遇物则焚;寡恩者冰清,逢物必杀;凝滞固执①者,如死水腐木,生机已绝;俱难建功业而延福祉。

注释

①凝滞:停留不动,比喻人的性情古板。固执:顽固不化。

译文

性情暴躁的人像炽热的烈火,遇到东西就烧毁。性情刻薄的人像寒冷的冰,遇到东西就冻死。顽固的人像不流动的水、腐烂的木头一样,已经没有生机。这几种人都难以建功立业、恩泽后世。

七十　养喜徼福　去怨避祸

原文

福不可徼①(jiǎo),养喜神②以为召福之本;祸不可避,去杀机以为远祸之方。

注释

①徼:求,当祈福解。②喜神:喜气洋洋的神态。

译文

福不是求来的,培养愉快的心情就是唤来幸福的根本。祸不是躲开的,除去害人之念就是远离灾祸的方法。

七十一　显其默拙　君子之为

名师导读

俗话说言多必失,做人做事切记不要太过张扬,小心谨慎才不会遭到别人的嫉恨。

菜 根 谭

名师按语

①愆尤：指责归咎的意思。②骈集：接连而至。③訾议：诋毁叫訾。

原文

十语九中，未必称奇，一语不中，则愆(qiān)尤①骈(pián)集②；十谋九成，未必归功，一谋不成，则訾(zǐ)议③从兴。君子所以宁默毋躁，宁拙毋巧。

译文

说十句话有九句是正确的，未必有人称赞，有一句话没说对，就会责难云集；筹划了十件事，有九件成功了，不一定有人把功劳归于你，有一件事没有成功，别人就会纷纷批评。所以，君子宁可缄默也不要急躁多言，宁可看似笨拙，也不可显露机巧。

赏析·启示

大智若愚，做人最忌过于显露锋芒。锋芒毕露者，虽有瞬间的绚烂，却逃不过他人的摧残。世人总是以过失来评论人的好坏，所以，想要独善其身，就要保持缄默，不急躁多言。

学习·拓展

大智若愚

成语大智若愚出自宋·苏轼《贺欧阳少师致仕启》："大勇若怯，大智如愚，至贵无轩冕而荣，至仁不导引而寿。"它的意思是要告诉我们生活中做人做事要低调不能锋芒毕露，处处彰显自己的才华，而是要厚积薄发，宁静致远。

七十二 人之和暖 福厚泽长

原文

天地之气①，暖则生，寒则杀。故性气②清冷③者，受享亦凉薄。唯气和心暖之人，其福亦厚，其泽亦长。

注释

①天地之气：天地间气候的变化。②性气：性情气质。③清冷：冷漠清高。

译文

自然界天气暖和时万物生长，天气寒冷时万物凋零。所以，性情冷漠的人，福分也比较浅；只有那些待人和气的好心人，福分深，给别人留下的恩泽也会长久。

七十三 天理路广 人欲道狭

原文

天理①路上甚宽，稍游心②，胸中便觉广大宏朗；人欲③路上甚窄，才寄迹④，眼前俱是荆棘泥涂⑤。

注释

①天理：天道，佛家语。②游心：心念出入于天理路上。③人欲：人的欲望。④寄迹：容足投身。⑤荆棘泥涂：荆棘多刺，用于比喻坎坷难行的路或烦琐不好办

菜 根 谭

的事,又引申为艰难困苦的处境。泥涂是污浊之路。

译文

天理的道路十分宽阔,稍微留心一下,就觉得心胸开阔;人世间欲望的道路很狭窄,刚一落脚,眼前就都是荆棘泥泞。

七十四 磨炼极而福久 参勘极而知真

原文

一苦一乐相磨炼,炼极而成福者,其福始久;一疑一信相参勘①,勘极而成知②者,其知始真。

注释

①参勘:参是交互考证,勘是仔细考察。②知:与"智"通。

译文

痛苦与快乐相互磨炼到饱和而得到的幸福才能长久;怀疑与相信相比较后得到的知识才是真的智慧。

七十五 虚心居义理 实心去物欲

原文

心不可不虚①,虚则义理来居;心不可不实②,实则物欲不入。

注释

①虚:谦虚,不自满。②实:真实,择善执著。

译文

人不能不谦虚,只有谦虚才能获得真正的知识;人心不可以不充实,只有心灵充实的人才抵挡得住物欲的诱惑。

七十六 厚德载物 雅量容人

名师导读

君子要有广阔的心胸,能包罗万象,而不是一味地孤傲自大。

名师按语

①含垢纳污:本意是一切脏的东西都能容纳,此处比喻气度宽宏而有容忍雅量。

原文

地之秽者多生物,水之清者常无鱼。故君子当存含垢纳污①之量,不可持好洁独行之操。

译文

污秽的地方生物众多,清澈的水中常常没有鱼。所以君子应该有容纳尘俗的度量,不能自命清高、沽名钓誉。

赏析·启示

世事百态,只有积极面对形形色色的人,才能找到与人融洽相处的方法,才能完善自己的内心。地势坤,君子以厚德载物。有颗能包容他人的心才能成为真正的君子。

学习·拓展

水至清则无鱼

这句话出自《大戴礼记·子张问入官篇》:"水至清则无鱼,人至察则无徒。"现在多用来告诫人们对他人的批评不要太苛刻、太严厉,否则,就容易使大家因畏惧而不愿意与你接近,就像水要是过于清澈就不会有鱼儿生存了。

七十七 忧劳以兴国 逸豫以亡身

原文

泛驾之马①可就驰驱,跃冶之金②终归型范③。只一优游不振,便终身无个进步。白沙云:"为人多病未足羞,一生无病是吾忧。"真确实论也。

注释

①泛驾之马:性情凶悍不易驯服控御的马,借以比喻不循常规的豪杰。②跃冶之金:比喻不守本分而自命不凡的人。③型范:铸造时用的模具。

译文

拉翻车的马经训练后也可以被人驾驭奔跑,翻腾的金属汁液最终会被铸成

器物。人如果一直自由自在，就一辈子没有进步。白沙说："人有许多缺点并不可耻，一辈子没有缺点才是令我担忧的。"这真是精辟的论述。

七十八　贪念一丝　万劫不复

原文

人只一念①贪私，便销刚为柔，塞(sāi)智为昏，变恩为惨②，染洁为污，坏了一生人品。故古人以不贪为宝，所以度越一世。

注释

①一念：一刹那所引起的念头。②恩：惠爱。惨：狠毒。

译文

人只要一有了贪私利的念头，就会由刚毅变为软弱，由聪明变为糊涂，由慈善变为残酷，由纯洁变为污浊，玷污了一生的清白。所以古人不把贪婪当做好事，这就是能一生平安的原因。

七十九　心公不昧　诱惑不受

原文

耳目见闻为外贼，情欲意识为内贼。只是主人公惺惺①(xīng)不昧，独坐中堂②，贼便化为家人矣。

注释

①惺惺：清醒。②中堂：正房居中的一间，堂屋。

译文

耳濡目染的淫声美色是外来的盗贼，情欲和偏见是藏在内心的盗贼。只要主人头脑清醒，在堂中央坐稳，这些盗贼就会变成家里的佣人。

八十　保已成之业　防将来之非

原文

图未就之功，不如保已成之业①；悔既往之失②，不如防将来之非③。

注释

①业：指事业、基业。②失：错误，过失。③非：过失。

译文

与其图谋尚未完成的功业，不如保住已经完成的事业。悔恨过去的过失，不如预防将来的错误。

八十一 培养气度 不偏不倚

名师导读

良好的气度是不张狂,不平淡。修养气质培养情操没有错,但要适度,这样才会给你带来良好的生活状态。

原文

气象①要高旷,而不可疏狂②;心思要慎细③,而不可琐屑;趣味要冲淡,而不可偏枯;操守要严明,而不可激烈。

名师按语

①气象:气质、气度。②疏狂:狂放不羁的风貌。③慎细:谨慎细致周全。

译文

一个人的气度要高远,但不要流于狂放不羁;心思要细密,但不要琐碎繁杂;情趣要淡泊,但不要枯燥乏味;节操要严谨,但不要太过激烈。

赏析·启示

培养情操本身没有错,但如果控制不好便会陷入极端。凡事都有度,做事情要仔细但不能过于谨小慎微,不偏不倚,符合中庸之道,才能成大事。

学习·拓展

什么是操守?

一个人的操守很重要,它通常指一个人的品德和气节,操守是为人处世的

根本,在社会生活中有着重要作用。职业操守是指在自己从事的领域内遵守职业道德,公正严明,不为个人或是小团体的利益牺牲集体或是企业的利益。

八十二 事来心始现 事去心随空

原文

风来疏竹,风过而竹不留声;雁度寒潭①,雁去而潭不留影。故君子事来而心始现,事去而心随空。

注释

①寒潭:大雁都是在秋天飞过,河水此时显得寒冷清澈,因此称寒潭。

译文

风向稀疏的竹林吹来,吹过后,竹林里不会留有风声;鸿雁飞过清冷的深潭,飞过后,潭水中没有留下鸿雁的身影。所以君子在事情到来时心中才思虑此事,事情过去了,心中就不再想什么。

八十三 君子懿德 其道中庸

原文

清能有容,仁能善断,明不伤察①,直不过矫。是谓蜜饯(jiàn)不甜②,海味不咸,才是懿(yì)德③。

注释

①伤察：失之于苛求。②蜜饯不甜：蜜饯不过分甜。③懿德：美德。

译文

清廉的人能容人，仁厚的人善于判断，精明的人不过分苛求，正直的人不过于做作。这就像蜜饯不太甜，海味不太咸，才是真正的美德。

八十四 君子穷当益工 不失风雅气度

原文

贫家净扫地，贫女净梳头。景色虽不艳丽，气度自是风雅。士君子一当穷愁寥落①，奈何辄自废弛②哉？

注释

①寥落：寂寞不得志。②废弛：应做而不做。

译文

穷人家把地打扫得干干净净，贫穷的女孩把头梳得整整齐齐。外表虽不艳丽，但却自然有一种高雅的气质。君子、士人怎能因穷困潦倒就自轻自贱呢？

八十五 未雨绸缪 有备无患

原文

闲中不放过,忙处有受用①;静中不落空,动处有受用;暗中不欺隐,明处有受用。

注释

①受用:受益,得到好处。

译文

清闲时抓紧时间,忙时就会有好处;静时早作思想准备,有活动、有事情时就不会忙乱;没人时也不隐瞒错误欺瞒别人,事情大见光明时就会有收获。

八十六 念头起处 便从理路

名师导读

一念之间会有千差万别,很多想法和欲望都会影响我们的生活。面对这些想法和欲望,你是怎么做的呢?

名师按语

①起死回生:使死人或死东西复活。

原文

念头起处,才觉向欲路上去,便挽从理路上来。一起便觉,一觉便转,此是转祸为福、起死回生

菜根谭

①的关头，切莫当面错过。

译文

涌起的念头一被发觉是朝着欲望方向的，就赶紧把它拉上理的正路。念头涌起就被发现，一发现就扭转，这是把灾祸变为幸福、使死亡恢复生机的关键，千万不要轻易放过。

赏析·启示

每个人都会有欲望，欲望的好坏或是强弱，左右着我们的人生选择。如果我们能够做出正确的处理，欲望就会对我们的生活起到积极的作用。

学习·拓展

贪得无厌的欲望

贪欲是与生俱来的，是一种意念，人们总是为得不到而苦苦追求，从另一个角度看待贪欲，其实它也是我们生活中的动力。但很多人对此视而不见，人们总是习惯于无休止地追求某样东西，甚至不择手段。这使贪欲无限放大，并带着血腥，于是成了人们痛苦的深渊。

八十七 静闲淡泊 观心证道

原文

静中念虑澄彻①，见心之真体②；闲中气象从容，识心之真机；淡中意趣冲夷③，得心之真味。观心证道，无如此三者。

注释

①澄彻：河水清澈见底。②真体：人性的真正本领。③冲：谦虚、淡泊；夷：夷通、和顺、和乐。

译文

清静的时候思想清楚，能看出心的本体；闲暇时气度从容，能发现心的玄机；淡泊时趣味冲淡平和，能体会到心的真谛。反省内心印证道理，没有比这三种更好的了。

八十八 真静于动中 真乐于苦中

原文

静中静非真静，动处静得来，才是性天①之真境；乐处乐非真乐，苦中乐得来，才见心体之真机。

注释

①性天：就是天性。

译文

在悄然无声的环境中所得到的安静，不是真正的安静，在喧闹骚动中获得的心情平静，才算达到天性原本的真境界；在快乐环境中得到的欢乐，不是真欢乐，只有在艰苦环境中仍然能保持快乐心情，才能显出心性原本的真谛。

八十九 舍己毋处疑 施恩毋责报

原文

舍己①毋处其疑②,处其疑,即所舍之志多愧矣;施人毋责其报,责其报,并所施之心俱非矣。

注释

①舍己:就是牺牲自己。②毋处其疑:不要存犹疑不决之心。

译文

既然要自我牺牲,就不要犹疑不决,如果迟迟不下决定,对自己的牺牲很计较,那么那份舍己为人的心意就会打折扣;既然要施舍恩惠给别人,就不能要求得到回报,如果一定要求对方知恩图报,那么这份乐善好施的心意也就变质了。

九十 厚德积福 修道解厄

原文

天薄①我以福,吾厚吾德以迓②(yà)之;天劳我以形,吾逸吾心以补之;天厄③我以遇,吾亨吾道以通之。天且奈我何哉!

注释

①薄:减轻。②迓:迎接。③厄:压抑。

译文

上天不给我很多的福分,我就多多积德来培养我的福分;上天让我身体劳乏,我就保持安逸的精神来保养自己的身体;上天让我的生活陷入困境,我就虔心修道来走出困境。我能做到以上几点,上天还能对我如何呢?

九十一 欲福避祸 智巧何益

原文

贞士①无心徼福②,天即就无心处牖③(yǒu)其衷;险人④着意避祸,天即就着意中夺其魄。可见天之机权⑤最神,人之智巧何益?

注释

①贞士:指志节坚定的人。②徼福:徼,同邀,作祈求解。③牖:诱导、启发。④险人:行为不正的小人。⑤机权:灵活变化。

译文

志节忠贞的人不花心思为自己求福,可是上天却因他的无心而引导他得到福祉;阴险邪恶的人用尽心机逃避灾难,可是上天却因他的有意而夺去他的精神魄力,使他蒙受灾祸。显而易见,上天的玄机极其奥妙,神奇无比,人类的智谋机巧在上天面前又算得了什么呢?

九十二　评谈人生　重论晚节

声妓晚景从良，一世之胭花无碍；贞妇白头失守，半生之清苦①俱非。语云："看人只看后半截。"真名言也。

①清苦：贫苦。

歌伎、舞女等卖身卖笑的风尘女子，在后半辈子能够嫁人做一个良家妻子，那么以前放荡淫乱的生活对后来的正常生活不会造成妨碍；一个一生都在坚守贞节的妇女，如果在晚年耐不住寂寞而失身的话，那么她半辈子的清苦都白费了。俗话说："观察一个人的品行，只须看他的后半生。"这真是至理名言啊。

九十三　种德施惠　勿贪权宠

平民肯种德①施惠，便是无位的卿相②；士夫③徒贪权市宠，竟成有爵的乞人。

注释

①种德:行善积德。②卿相:公卿将相。③士夫:士大夫的简称。

译文

一个老百姓如果愿意积善德、施恩惠,就是一个没有官位的公卿宰相;一个达官显贵如果一味追名逐利、邀功争宠,竟成了一个有官位的乞丐。

九十四　积累念难　倾覆思易

原文

问祖宗之德泽①,吾身所享者是,当念其积累之难;问子孙之福祉②(zhǐ),吾身所贻者是,要思其倾覆之易。

注释

①德泽:恩惠。②福祉:福、祉同义,幸福。

译文

如果要问我们的祖先给我们留下的恩泽有多少,只要看我们所享受幸福的厚薄多少就知道了,要体谅祖先当初为我们积累恩泽的艰难;如果要问我们的子孙将来能不能拥有幸福,只要看我们所留下的恩泽的多少就知道了,因此我们要考虑到留下的恩泽不多,子孙们就很容易遭受家业衰败的厄运。

九十五 诈善非君子 悔过非小人

原文

君子而诈善①,无异小人之肆恶②;君子而改节③,不若小人之自新。

注释

①诈善:虚伪的善行。②肆恶:肆是放纵,肆恶即恣意作恶。③改节:改变志向。

译文

身为君子却具有伪善的恶行,就和穷凶极恶的小人没什么两样;行仁义的君子如果改变自己的节操,倒不如那些能悔过自新的小人。

九十六 春风解冻 和气消冰

名师导读

每个人都有自己的家庭,家庭和睦才能生活快乐。但是当家人犯错时,我们应该怎样做呢?

名师按语

①隐讽:借用其他事物来暗示,婉转劝人改过。②俟:等待。

原文

家人有过,不宜暴扬,不宜轻弃。此事难言,借他事而隐讽①之;今日不悟,俟②来日再警之。如春风之解冻,和气之消冰,才是家庭的型范。

菜 根 谭

自己家里的人犯了错误,不能随便揭发传扬,也不该轻易放过而就此不管。难以直接说明的错误,就用其他事情的比喻来规劝和暗示;如果他当时不能悔悟,就要耐心地等到以后再劝告。就像和煦的春风能让冬天的寒冷消融,像温暖的气流能融化凝结的冰一样。这样的家庭才算是幸福、快乐家庭的典范。

赏析·启示

家庭生活对于我们每个人来说都极为重要,面对家人的过失,我们要像春风化雨般教育引导,不可太过苛责。只有这样,家庭才会幸福,生活才会快乐。

学习·拓展

什么是家庭?

家庭一般有两种含义,从广义角度来说,家庭可以指家庭利益集团,也就是一个过去所说的大家族。从狭义角度来说,就是现代意义的小家庭,一般由婚姻关系或是收养关系缔结而成。

九十七 心看圆满 心放宽平

原文

此心常看得圆满,天下自无缺陷之世界;此心常放得宽平,天下自无险侧①之人情。

注释

①险侧:邪恶不正。

译文

一个人如果能有一颗圆满善良的心灵,那么世界在他眼中就变得美好而没有缺憾;一个人如果能有一颗宽大仁厚的心灵,那么他就不会感受到险恶不和的人情了。

九十八 坚守操履 不露锋芒

原文

澹泊①之士,必为浓艳者②所疑;检饬③(chì)之人,多为放肆者所忌。君子处此,固不可少变其操履④,亦不可太露其锋芒。

注释

①澹泊:恬静无为。②浓艳者:身处富贵荣华、权势名利之中的人。③检饬:自我约束,谨言慎行。④操履:执着地追求自己的理想。

译文

一个淡泊名利又有才能的人,一定会受到那些热衷名利之人的猜疑;一个胸怀坦荡的真君子,也常常会被那些肆无忌惮、邪恶放纵的人嫉妒。君子处在这种被猜疑又被嫉妒的环境中,一定不可以稍稍改变自己的操守,也绝对不可以过度显露自己的才华和节操。

九十九 顺境勿喜 逆境勿忧

原文

居逆境中,周身皆针砭(biān)药石①,砥节砺行②而不觉;处顺境内,眼前尽兵刃戈矛,销膏靡骨③而不知。

注释

①针砭药石:泛指治病用的器械药物,此处比喻砥砺人品德气节的良方。②砥节砺行:砥砺,即磨刀石,粗者为砥,细者为砺,此为磨炼。③销膏靡骨:消融脂肪,腐蚀筋骨。

译文

人处在逆境中,自己的周围就好像都是一些针砭药石,在不知不觉中磨炼我们的意志和品德;人处在顺境中,就像眼前都是刀剑戈矛,在不知不觉中伤害了我们的筋骨和心脏,让我们走向堕落。

一〇〇 富贵如火 自取灭亡

原文

生长富贵丛中的,嗜欲如猛火,权势①似烈焰。若不带些清冷②气味,其炎焰不至焚人,必将自焚。

菜根谭

注释

①权势:权柄和势力。②清冷:凉爽而略带寒意。

译文

生长在富贵家庭中的人,对欲望的贪恋、对权势的追求就像一团熊熊燃烧的火焰,如果不加点儿清凉的气息,那么即使火焰不烧伤别人,也一定会把自己烧伤。

一〇一 精诚所至 金石为开

名师导读

为人真诚是我们每个人都应该做到的准则,真诚会给我们带来无尽的力量,让我们看看古人是怎么看待真诚的?

原文

人心一真,便霜可飞①,城可陨②,金石可贯③。若伪妄之人,形骸徒具,真宰已亡。对人则面目可憎,独居则形影自愧。

译文

人的心灵如果完全真诚,就可以使六月下霜、把城墙哭倒、把金石穿透。而一个人如果虚伪狡诈,空有一副躯壳,真正的心灵早就丧失了,那么他的面目必然会令人厌恶,就是独自一人时也会为自己的行为觉得惭愧。

名师按语

①霜可飞:本意是说天下霜,比喻人的真诚可以感动上天,变不可能为可能,使夏天降霜。②城可陨:本来是说城墙可以拆毁崩溃,此处比喻至诚可感动上天而使城墙崩毁。陨,崩塌。③贯:穿透。

青少年美绘版经典名著书库

赏析·启示

　　做人贵在真诚,你若真诚待人,他人必真心待你,人与人之间便会充满和谐与希望。反之,人与人之间则会充满欺诈,彼此天天绞尽脑汁的算计,生活也不会得到一丝的安宁。

学习·拓展

精诚所至 金石为开

　　这句话出自《后汉书·广陵思王荆传》:"精诚所加,金石为开"。是说西汉时期的飞将军李广有一次狩猎,看见一只老虎,他屏气凝神,用尽力气,一箭射去。却没有听到一点声音,走进一看居然射中了一块形似老虎的石头。当李广再次射箭的时候,箭就被弹了回来,一连几次都是这样。后来学者扬雄解释说:"若是诚心诚意,即使是像金石那样坚硬的物质都会被感动的。"

《一〇二 才极无奇 品极归本》

原文

　　文章做到极处,无有他奇,只是恰好;人品①做到极处,无有他异,只是本然。

注释

　　①人品:人的品质。

菜 根 谭

译文

　　文章写到最高境界，就没有什么特别的地方，只是表达得恰到好处而已；品行修养到最高境界，没有什么不同的地方，只是性情归到自然本性而已。

一○三　明世看破　识得本体

原文

　　以幻迹①言，无论功名富贵，即肢体亦属委形②；以真境言，无论父母兄弟，即万物皆吾一体。人能看得破，认得真，才可任天下之负担，亦可脱世间之缰锁。

注释

　　①幻迹：虚假境界。②委形：上天赋予我们的形体。委，赋予。

译文

　　从虚幻的现象来看，不只金钱名利是假象，就连四肢五官也都是上天借给的躯壳；从真实的境界来看，不只父母兄弟不是外人，就是万事万物也和我同为一体。所以，人要看得透彻，认得真切，才可以担负起天下的重任，才可以摆脱世间功名利禄的束缚。

一〇四 万事留余 适可而止

原文

爽口①之味,皆烂肠腐骨之药②,五分便无殃;快心之事,悉败身丧德之媒,五分便无悔。

注释

①爽口:可口,快口。②皆烂肠腐骨之药:强调多吃山珍海味就伤害肠胃。

译文

可口的美味其实都是毒害身体的毒药,只吃五分才没有伤害;令人高兴的事其实都是引人身败名裂的媒介,只做五分才不至于将来追悔莫及。

一〇五 忠恕待人 养德远害

原文

不责人小过①,不发②人阴私③,不念人旧恶④,三者可以养德,亦可以远害。

注释

①过:过失,错误。②发:揭发。③阴私:也作隐私,指每个人的私生活中的隐秘事。④旧恶:指他人以前的过失或旧仇。

译文

不责备别人的小错,不揭露别人的隐私,不记住和别人的旧仇。这三点可以培养人的品德,也可以使人避免突如其来的灾祸。

一〇六 持身勿轻 用意勿重

名师导读

对于君子来说,做人做事都有一定的标准。我们反观一下自身,看看和君子之间还有哪些差距?

原文

士君子持身①不可轻②,轻则物能挠③我,而无悠闲镇定之趣;用意不可重,重则我为物泥④,而无潇洒活泼之机。

名师按语

①持身:做人的态度、原则。②轻:轻浮,急躁。③挠:困扰,屈服。④泥:拘泥。

译文

君子做人不可轻率,轻率会被外物阻碍困扰,失去了悠闲清静的乐趣。做事不要太执着,太执着就会被外物困扰,失去潇洒活泼的乐趣。

赏析·启示

这段文字告诉我们为人处事不可以太过轻率也不可以太过执着。轻率为人、执着做事或许会让我们失去生活的情趣,洒脱的心境。但是保持一种适中的生活态度,我们的生活会更加美好。

学习·拓展

不为外物所扰

古代读书人常常讲求："两耳不闻窗外事，一心只读圣贤书。"这里所说的就是一心读书，不被外面的世界所干扰。只有这样才能真正做好一门学问，但是换一个角度说这种做法也有一定的弊端，这样不关心社会的读书人很可能不会将自己的所学用到该用的地方。

一〇七 人生有尽 勿可虚度

原文

天地有万古①，此身不再得；人生只百年，此日最易过。幸生其间者，不可不知有生之乐，亦不可不怀虚生②之忧。

注释

①万古：永恒不变的时间，喻其长。②虚生：虚度一生，无所作为。

译文

天地可以万古常在，人却不能再活一次。人生只有百年的时光，时间很容易过去。侥幸能生于天地之间的人，不能不体味一下生活的乐趣，也不能不担心自己会虚度时光。

一〇八 德怨两忘 恩仇俱泯

原文

怨因德彰①,故使人德我②,不若德怨之两忘;仇因恩立,故使人知恩,不若恩仇之俱泯③。

注释

①彰:明显。②德我:对我感恩戴德。③泯:消灭,泯灭。

译文

怨恨是因为有善行而更加明显,所以与其让人感激我,还不如把别人对我的感激和怨恨全都忘却。因为有恩惠才有仇恨,所以与其让别人知道我的恩惠,还不如把恩仇都忘掉。

一〇九 持盈履满 君子兢兢

原文

老来疾病,都是少时招得;衰时罪业,都是盛时作得。故持盈履满①,君子尤兢兢②焉。

注释

①持盈履满:指已达最好程度的美满的物质生活。②兢兢:小心谨慎。

年老时得的病,都是年轻时不小心造成的。失意时遭受的灾难,都是得意时不检点造成的。所以君子在事业成功、生活美满时,还应该小心谨慎。

一一〇 扶公敦旧 修身种德

市私恩①不如扶公议②,结新知不如敦③旧好,立荣名不如种隐德,尚奇节不如谨庸行④。

①市:买卖。私恩:出自私心所施的恩惠,指收买人心。②扶公议:以光明正大的行为争取社会声誉。③敦:厚,加深。④庸行:平常行为。

与其笼络人心,还不如赢得公众的好评;与其结交新人,还不如加深与老朋友之间的友情;与其标榜名声,不如暗中积善;与其追求奇功,还不如注意平时的一言一行。

一一一 公论勿犯 权门勿沾

君子有所为而有所不为,有些事情是无论在什么情况下都不可以做的。

名师按语

①犯手：触犯，违犯。②私窦：就是私门，暗行请托之门，即走后门。③着脚：踏进去。④点污：指美誉受污损。

原文

公平正论，不可犯手①，一犯手则贻羞万世；权门私窦②，不可着脚③，一着脚则点污④终身。

译文

凡是公众们共同遵守的道德规范和法律，不可以轻易去冒犯，一旦冒犯，就会留下千秋万代令人含羞的恶名；凡是权贵徇私舞弊的地方，不可以轻易踏进去，一旦踏进，就会沾染上洗刷不尽的臭名。

赏析·启示

社会生活上任何事情都是有道德底线的，如果没有这个底线就会失去做人的原则，就会被世人所唾弃。违背道德的事情千万不要去做，有损名誉的事情千万不要去涉及，要时刻洁身自好。

学习·拓展

勿以恶小而为之

刘备在临终的时候告诉他的儿子刘禅："勿以善小而不为，勿以恶小而为之。"旨在劝勉他的儿子要好好学习，养成良好的道德习惯，要有所作为，有所不为。千万不要因为善事小就不去做，错事小就去做。积少成多，小善累积多了会有利于国家，不好的事情积累多了就会误了国家大事。

一一二 直躬不畏忌 无恶不惧毁

原文

曲意①而使人喜,不若直节②而使人忌;无善而致人誉,不若无恶而致人毁。

注释

①曲意:委屈自己的意志。②直节:刚直不阿的行为。

译文

一个人违背自己的意愿而去博得别人的欢心,还不如刚正耿直、光明磊落而受到别人的嫌怨;一个人没有做什么善事却无故受到别人的赞颂,还不如没有做什么坏事而招来小人的诋毁。

一一三 从容处变 凯切规友

原文

处父兄骨肉之变,宜从容①不宜激烈;遇朋友交游之失,宜凯(kǎi)切②不宜优游③。

注释

①从容：镇静不慌乱。②剀切：切实，直截了当。③优游：柔和，模棱两可。

译文

当自己的父母、兄弟之间出现什么意料不到的变故时，应该保持镇静，不可太过激烈冲动而感情用事；当与朋友交往发现对方有过错时，应该诚恳地加以规劝，而不能得过且过地让他继续错下去。

一一四 大处着眼 小处着手

原文

小处不渗①漏，暗处不欺隐，末路不怠荒，才是真正英雄。

注释

①渗：水从上往下慢慢滴，有侵蚀和走漏的意思。

译文

在细枝末节的事情上，不粗心大意、疏忽遗漏；在别人看不到的地方也不做什么愧对于人的事情；在自己失意潦倒的时候，不丧失自己的进取之心，这样才能算是真正的英雄好汉。

菜根谭

一一五　爱重成仇　薄极成喜

原文

千金①难结一时之欢，一饭竟致终身之感。盖爱重反为仇，薄极翻成喜也。

注释

①千金：指很多的钱。

译文

用千金家财来馈赠他人，有时也难以打动人家的心，相反有时候只是接济别人一顿饭，却能得到别人对你终生的感激之情。这就是说过分的呵护很容易变成仇恨，而一点儿小小的恩惠反而容易讨人欢心。

一一六　藏巧于拙　寓清于浊

名师导读

谦虚使人进步，藏拙可使自保。越是有能力的人越懂得谦和待人，韬光养晦。

原文

藏巧于拙，用晦而明，寓清于浊，以屈为伸，真涉世之一壶①，藏身之三窟②也。

名师按语

①一壶：此处指平时不值钱的东西，到紧要时候就成为救命的法

名师按语

宝。②三窟:通常都说成狡兔三窟,比喻安身救命之处很多。

译文

　　人应该宁可显得笨拙一点也不要暴露自己的机谋,宁可用谦虚来收敛自己也不能锋芒毕露,宁可随和一点也不要自命清高,宁可后退一些也不要太积极冒进,这才是真正的处世诀窍。

赏析·启示

　　真正有才华之人,不会自命清高,而是会谦虚和善。真正有智慧之人,不会锋芒毕露,争强好胜,而是会低调行事,默默无闻。所以修养越高的人越显得笨拙,这是一种大智若愚的表现,是一种谦和向善的体现。

学习·拓展

狡兔三窟

　　"狡兔三窟"出自《战国策·冯谖客孟尝君》。冯谖对孟尝君说:"狡兔三窟,仅得免其死耳。今有一窟,未得高枕而卧也。"大意是:狡猾的兔子准备了好几个藏身的窝,才免去了死亡的危险,比喻荫蔽的地方多,做好了充分的准备。

一一七 盛极必衰 居安虑患

原文

　　衰飒①的景象,就在盛满中;发生②的机缄③,即在零落④内。故君子居安宜操一心以虑患,处变当坚百忍以图成。

注释

①衰飒:衰落,枯萎,指境遇衰败没落。②发生:生育,生长。③机缄:关键因素,指运气的变化。④零落:指人事的衰败没落。

译文

凡是衰败萧瑟的景象往往很早就在一片繁华的盛况之中隐藏着,凡是草木的蓬勃生机也早就孕育在换季的凋零时刻。所以一个聪明有德的人应当在自己处在顺景、平安无事时,有防患于未然的考虑;而当自己处在动乱和灾祸中时,也要用坚贞不屈的精神策划未来事业的最后成功。

一一八 奇人无远识 独行有恒操

原文

惊奇喜异者终无远大之识;苦节独行者要有恒①久之操。

注释

①恒:长久不变。

译文

喜欢标新立异、行为怪诞荒唐的人,必然不会有高深的学问和远大的见识;一个刻苦潜修、特立独行的人,必然要有长久不变的操守。

一一九 放下屠刀 立地成佛

原文

当怒火欲水正腾沸①时,明明知得,又明明犯着。知得是谁?犯着又是谁?此处能猛然转念,邪魔②便为真君子矣。

注释

①腾沸:沸腾,比喻情绪高涨。②邪魔:妖魔。

译文

一个人在怒火中烧或欲水升腾的时候,往往不能克制自己,虽然他自己明知道这样做不对,但又偏偏去触犯。知道这个道理的是谁?明知故犯的又是谁?如果这时能够冷静下来,猛然改变念头觉悟了,那么邪恶的魔鬼就成了善良的圣人。

一二〇 毋形人短 毋嫉人能

原文

毋偏信而为奸所欺,毋自任①而为气②所使。毋以己之长而形③人之短,毋因己之拙而忌人之能。

注释

①自任:自信,自负,刚愎自用。②气:发扬于外的精神,此处指一时的意气。③形:对比。

译文

一个人不要相信片面之词而被一些奸诈小人所欺骗,不要自恃过高而被一时的意气所蒙蔽,不要用自己的长处来比较人家的短处,不要因为自己的笨拙就嫉妒人家的才能。

一二一 毋以短攻短 毋以顽济顽

名师导读

发现别人的缺点或是错误,你是怎样做的呢?是一味苛责还是委婉劝解?

原文

人之短处,要曲①为弥缝②,如暴而扬之③,是以短攻短;人有顽的,要善为化诲,如忿而嫉之,是以顽济顽。

名师按语

①曲:含蓄,婉转尽力。②弥缝:修补,掩饰。③暴而扬之:揭发而加以传扬。

译文

当我们发现了别人的缺点时,要很委婉地为他掩饰,如果故意揭发并宣扬他的缺点,就会伤害别人的自尊心,同时也等于是用自己的缺点去攻击别人的缺点;当我们发现别人有固执己见的地方时,要耐心地去劝导,如果因为他的固执

而去怨愤和讨厌他,就等于是用自己的顽固执拗来助长别人的顽固执拗。

赏析·启示

　　一个谦和的人看到他人的缺点和错误,会用恰当的方式告诉他而不是一味地指责。只有这样才会让他人心悦诚服,同时也会让他人看到你的胸襟和气度。

学习·拓展

切勿固执己见

　　在为人处事时,若固执己见就会让身边的朋友渐渐离你远去。在团队合作中,无论你是处于领导者的位置还是执行者的位置,都要多多听取他人意见,只有这样才有利于自己的成长,才会有利于团队的和谐。

一二二　阴者勿交　傲者勿言

原文

　　遇沉沉①不语之士,且莫输心②;见悻悻③(xìng)自好之人,应须防口。

注释

　　①沉沉:阴险冷酷的表情。②输心:推心置腹地表露真情。③悻悻:生气时愤愤不平的样子,比喻人的傲慢、固执己见。

译文

遇到表情冷漠不说话的人,暂时不要急着和他坦诚相交、推心置腹;而遇到一个高傲的自以为是的人,就要注意自己的言谈。

一二三 调节情绪 一张一弛

原文

念头昏散①处,要知提醒;念头吃紧时,要知放下。不然恐去昏昏之病,又来憧憧②(chōng)之扰矣。

注释

①昏散:迷惑。②憧憧:心意摇摆不定。

译文

当头脑昏沉、心绪烦乱时,要提醒自己平静下来,清醒一下自己的头脑;当工作忙碌、情绪紧张时,要懂得暂时放下工作,以便使自己的情绪恢复安定。要不然好容易才克服了昏乱的毛病,又惹来了心神恍惚的困扰。

一二四 人之心体 雨过天晴

原文

霁①日青天,倏②(shū)变为迅雷震电;疾风怒雨,倏转为朗月晴空。气机③何尝一毫凝滞?太虚④何尝一毫障蔽?人之心体亦当如是。

注释

①霁:雨后转晴。②倏:迅速,突然。③气机:此处比喻主宰气候变化的大自然。④太虚:广阔无际的天空。

译文

晴朗无云的天空,忽然间会变得电闪雷鸣;疾风暴雨的天气,忽然间又万里晴空。大自然的力量何曾有一分一毫的停滞,广阔天空又何曾能被遮蔽阻塞。人的心灵也要和大自然一样自然运转,不被名利所阻碍。

一二五 智慧识妖 魔鬼无踪

原文

胜私制欲之功,有曰识不早,力不易者;有曰识得破,忍不过者。盖识是一颗照魔的明珠①,力是一把斩魔的慧剑,两不可少也。

注释

①明珠:价值昂贵的宝珠,引申为人或物的最贵重者。

译文

对于战胜自己私心和克制自己欲念的功夫,有的人说是没有发现,因此自己的意志力无法克服私欲;有的人说是明知有欲念,却又忍受不了它的诱惑。因为一个人的见识是一颗能照出邪恶的明珠,意志力是一把能斩除邪魔的利剑,

要想克制自己的欲念,见识和意志力是缺一不可的。

一二六 不动声色 雅量能容

名师导读

当你被别人欺骗或是羞辱的时候,你会怎样做呢?是恶语还击还是不露声色?

名师按语

①觉:发觉,察觉。②诈:欺骗,假装。③形:表露。

原文

觉①人之诈②,不形③于言;受人之侮,不动于色。此中有无穷意味,亦有无穷受用。

译文

当发现别人在欺骗自己时,不要在言语里表现出自己的聪明;当受到别人侮辱时,也不要在表情上表露自己的愤怒。这里有无穷的意蕴,也含有一生用之不竭的奥妙。

赏析·启示

这段文字告诉们生活中如果被他人欺骗或是羞辱,我们要尽量隐藏自己的情绪,最好不要显露。这是一种待人接物的方法,也是一种生活的态度,更是一种生存的境界。

学习·拓展

喜怒不形于色

这句话出自《三国志·蜀志·先主传》:"喜怒不形于色,好交结豪侠,年少争附之。"这一句话通常有两种用法,用作褒义的时候常指人沉着而又涵养,感情并不外露;当用作贬义的时候,通常是说人的城府很深。

一二七　困苦穷乏　锤炼身心

原文

横逆困穷①,是煅炼豪杰的一副炉锤②。能受其煅炼者,则身心交益;不受其煅炼者,则身心交损。

注释

①横逆困穷:横逆是不顺心的事,困穷是穷困。②炉锤:比喻磨炼人心性的东西。

译文

横逆、灾难、困苦的环境就像是锻炼英雄豪杰的熔炉,只要能够承受这种锻炼的人,他的身心就会得到益处。相反,受不到这种磨炼的人,他的身心会受到损害。

一二八　天地父母　万物敦睦

原文

吾身一小天地也,使喜怒不愆①,好恶有则,便是燮(xiè)理②的功夫;天地一大父母也,使民无怨咨③,物无氛沴,亦是敦睦的气象。

注释

①愆:过失,错误。②燮理:调和,调理。③怨咨:怨恨,叹息。

译文

我们的身体就像一个小天地,如果能让自己的喜怒不逾越道德理法,让自己的好恶遵守一定的准则,这就是做人的一种调理调和的功夫;天地大自然就像是大父母一样,如果能使人民没有怨叹,万事万物没有灾害,便能够呈现一片亲善祥和的景象。

一二九 戒疏于虑 警伤于察

原文

害人之心不可有,防人之心不可无,此戒疏于虑也。宁受人之欺,毋逆①人之诈,此警伤于察②也。二语并存,精明而浑厚矣。

注释

①逆:预先推测。②察:本义是观察,此处作偏见解,有自以为是的意思。

译文

不可以存有害人的念头,也不可以没有防人的心思,这是用来告诫那些思虑不周、警惕性不高的人。宁可受到别人的欺负,也不要去揣摩别人的狡诈之心,这是用来告诫那些过分小心提防的人。如果与人交往中能够做到这两点,那才算是警惕性高又不失淳朴宽仁了。

一三〇 是非明辨 大局为重

原文

毋因群疑而阻独见，毋任己意而废人言，毋私小惠而伤大体，毋借公论以快①私情。

注释

①快：称心如意，满足，发泄。

译文

不要因为大多数人的猜疑而影响了自己的见解，不要固执己见而不肯听从别人的忠实劝诚，不要为了自己的小利益而伤害了大多数人的利益，不要借公众的舆论来满足自己的私欲。

一三一 亲善杜谗 除恶防祸

名师导读

如何处理人际关系是我们一直所关注的问题，那么就让我们通过下面的文中了解一下古人是怎么做的吧。

原文

善人未能急亲①，不宜预扬②，恐来谗谮③(zèn)之奸；恶人未能轻去，

名师按语

①急亲：急切与之亲近。②预扬：预先赞扬其善行。③谗谮：颠倒是非，恶言诽谤。④媒蘖：借故陷害人而酿成其罪。

不宜先发，恐遭媒蘖④之祸。

译文

要想结交一个有修养的人，不必急着和他亲近，不要事先宣扬他的美德，以免遭到坏人的谗言和诋毁；要想摆脱一个心地险恶的人，不要轻率地打发他走，不要先揭发他的恶行，以免遭到他的诬陷和报复。

赏析·启示

这段话告诉我们即使是喜欢的人也不要过分地接近，再厌恶的人也不要过于疏远，如果太过极端，就会适得其反。就会让你在人际交往中，处于被动的局面。

学习·拓展

择其善者而从之，其不善者而改之

这是孔子的名言，他想告诉大家我们每个人都要养成一个虚心好学、自觉修养的习惯。这里包括两个方面，一方面我们要句品行好，学识高的人学习。另一方面，当我们看到"不善"也要引以为戒，努力克服。也就是说无论善与不善都有要值得我们学习或避免的。

一三二　节义自暗室 经纶出深履

原文

青天白日①的节义②，自暗室屋漏③中培来；旋乾转坤的经纶④，从临

菜 根 谭

深履薄⑤中操出。

注释

①青天白日：光明磊落。②节义：名节义行，此处指人格。③暗室屋漏：此指艰苦的环境。④经纶：本指纺织丝绸，引申为经邦治国的政治韬略。⑤临深履薄：面临深渊脚踏薄冰，比喻人做事特别小心谨慎。

译文

青天白日般高洁的节操义举，都是在一种十分艰辛的环境中培养出来的；扭转局势的雄才伟略，都是从令人战战兢兢的险境中磨炼出来的。

一三三　父慈子孝　天性伦常

原文

父慈子孝，兄友弟恭，纵做到极处，俱是合当①如是，着不得一毫感激的念头。如施者任德②，受者怀恩，便是路人，便成市道③矣。

注释

①合当：应该。②任德：以施恩惠于人而自任，受人感激。③市道：市场交易场所。

译文

父母对子女的慈爱，子女对父母的孝敬，哥哥姐姐对弟弟妹妹的呵护，弟弟妹妹对哥哥姐姐的尊敬等等，这些即使做到最完美的境界，也是应该如此，彼此

之间用不着存在感激的念头。如果施恩的人自以为是恩人,接受的人抱着感恩图报的想法,那么彼此之间的关系就像路上的陌生人一样,把真挚的骨肉之情变成了一种市井交易。

一三四 不夸妍洁 谁能丑污

原文

有妍①必有丑为之对,我不夸妍,谁能丑我?有洁必有污为之仇,我不好洁,谁能污我?

注释

①妍:美丽。

译文

天地间的事物,有美丽就必定有邪恶和它相对,只要我不自夸美丽,又有谁会说我丑呢?有洁净就必定会有污秽和它相对,只要我不自夸洁净,又有谁能来说我污秽呢?

一三五 炎凉于富贵 妒忌于骨肉

原文

炎凉之态,富贵更甚于贫贱;妒忌之心,骨肉尤狠于外人。此处若不当以冷肠①,御以平气,鲜不日坐烦恼障中矣。

注释

①冷肠:本指缺乏热情,此处指冷静。

译文

人情的冷暖,世态的炎凉,在富贵人家比在贫贱的人家表现得更为鲜明;嫉妒、猜疑的心理,在亲骨肉之间比在外人之间更为明显。在这种情况下,如果不用冷静的态度、平和的心理来解决的话,那就会整日处在烦恼中。

一三六 功过勿混 恩仇勿明

名师导读

面对功劳和过失,面对仇恨和恩德,我们往往会难以划分界限,那么这些事情是否需要弄清楚呢?

名师按语

①惰隳:疏懒堕落,灰心丧气。②携贰:怀有二心,有疑心。

原文

功过不宜少混,混则人怀惰隳①(huī)之心;恩仇不可太明,明则人起携贰②之志。

译文

对于过失和功劳不可以有一点儿含混,如果含混不清就会让人产生苟且怠惰的心理;一个人对于恩惠和仇恨,不可以表现得过于分明,太分明就会使人产生疑心而做出背叛的事情。

赏析·启示

　　生活中,我们面对他人功劳与过失,我们一定要做到心中有数,只有这样才会让他人信服和满意。然而面对恩德和仇恨,我们就不要太计较,这样才不会使他人产生疑心或是畏惧。

学习·拓展

赏罚分明的诸葛亮

　　在《三国演义》中,最能体现诸葛亮赏罚分明的就是街亭一战后,由于马谡的失误,诸葛亮为严明军纪,不得不挥泪斩马谡。还有关羽在华容道放走曹操,诸葛亮执意要将其斩首,由于刘备等人求情,才免其死罪。但对于有功的将领,诸葛亮也常常给予明确的奖赏。

一三七　位盛危至　德高谤兴

原文

　　爵位①不宜太盛,太盛则危;能事不宜尽毕,尽毕则衰,行谊②不宜过高,过高则谤兴而毁来。

注释

　　①爵位:君主时代把官位分为公、侯、伯、子、男五位,此处指官位。②行谊:合乎道义的品行。

译文

官最好不要做得太大，太大就有遭到人家嫉妒而使自己陷于困境的危险；能做得很好的事也不要做得太完美，太完美就会使自己走向衰败；言行不可以太高出于别人，高出别人太多就会受到人的中伤而毁坏了名誉。

一三八　阴恶祸深　阳善功小

原文

恶忌阴，善忌阳①。故恶之显者祸浅，而隐者祸深；善之显者功小，而隐者功大。

注释

①阴、阳：阴指事物的背面，是不容易被人发现的地方；阳指事物正面，是大家都能看到的地方。

译文

做坏事最忌讳的是隐藏而不让人知道，做好事最怕的是到处宣扬，因为显而易见的坏事所造成的灾祸小，而鲜为人知的坏事所造成的灾祸大；显而易见的善事所积的功德小，而在暗中默默行善的功德才会大。

菜 根 谭

一三九 宜以德御才 勿恃才败德

原文

德者才之主，才者德之奴。有才无德，如家无主而奴用事矣，几何不魍(wǎng)魉①(liǎng)猖狂②。

注释

①魍魉：泛称山川木石的精灵怪物。②猖狂：过分放纵。

译文

品德应是一个人才能的主宰，才能应是一个人品德的奴婢。如果一个人只有才能而缺乏品德，就好像一个家庭没有主人而奴婢做主一样，这样哪有不胡作非为、狂妄放肆的呢？

一四〇 穷寇勿追 投鼠忌器

原文

锄奸①杜幸，要放他一条去路。若使之一无所容，譬如塞鼠穴者，一切去路都塞尽，则一切好物俱咬破矣。

注释

①锄奸：铲除通敌的坏人。

译文

要想铲除、杜绝那些邪恶奸诈之人，就要给他们一条改过自新、重新做人的道路；如果使他们走投无路、无立锥之地，就好像堵塞老鼠洞一样，一切进出的道路都阻塞了，一切好的东西也都被咬坏了。

一四一 过归己任 功让于人

名师导读

成长路上的艰辛，有人与你一同走过。相信那段日子一定很令你感动，但风雨之后的彩虹你愿意与朋友们一同分享吗？

名师按语

①患难：患是忧愁，患难是指艰难困苦。

原文

当与人同过，不当与人同功，同功则相忌；可与人共患难①，不可与人共安乐，共安乐则相仇。

译文

应该勇于和别人共同承担过失，不应当和别人共同享受功劳，共享功劳就会引起彼此的猜忌；应该和别人共同度过艰难困苦，不该和别人共同享受安乐，共享安乐会造成互相仇恨。

赏析·启示

面对困难，朋友们可以一同承担；面对安乐，往往很难共同享受。我们要明白这样的道理，共同享受功劳和安乐，会使大家彼此产生矛盾，若还是想保持之前那份纯真友谊，就选择功成身退吧！

功成身退的张良

张良是"汉初三杰"之一,为刘邦开创伟业立下汗马功劳。张良是刘邦的重要谋臣,他深知自己功高盖住,也懂得"狡兔死,走狗烹。飞机鸟,良弓藏。"的道理,不想落得韩信那样的下场。于是他不留恋权位,晚年隐居退守。

一四二 醒言求人 功德无量

原文

士君子贫不能济物①者,遇人痴迷②处,出一言提醒之,遇人急难处,出一言解救之,亦是无量功德。

注释

①济物:用金钱救助人。②痴迷:迷惑不清。

译文

有学问有节操的人,贫穷得无法用物质去接济他人,当遇到别人为某件事执迷不悟时,能去指点他、提醒他;当遇到别人发生危急困难时,能为他说几句公道的话或安慰的话,使他解脱困扰,也算是无限的功德。

一四三　趋炎附势　人之通病

原文

饥则附,饱则飏,燠①(yù)则趋,寒则弃,人情通患也。

注释

①燠:温暖。

译文

饥饿潦倒时就去投靠人家,丰富饱足时就远走高飞,看到人家富贵就去巴结,看到人家贫寒就掉头而去,这是一般人的通病。

一四四　宜冷眼观物　勿轻动刚肠

原文

君子宜净拭冷眼①,慎勿轻动刚肠②。

注释

①冷眼:冷眼观察。②刚肠:个性耿直。

译文

一个有才学品德的人,要以冷静的态度来面对事物,不要轻易地表露自己耿直的性格。

一四五 量弘识高 功德互长

原文

德随量进,量由识①长。故欲厚其德,不可不弘②其量③;欲弘其量,不可不大其识。

注释

①识:知识,经验。②弘:宽宏,扩大。③量:气量,气度。

译文

人的道德是随着气量而增加的,人的气量又是随着人的见识而增长的。所以要想增加自己的品德,就不可不使自己的气量更宏大;要想使自己的气量更宏大,就不能不拓展自己的多方见识。

一四六 人心惟危 道心惟微

名师导读

每当清晨或是夜晚,你是否有反思自己的时候?

菜 根 谭

原文

一灯萤然①，万籁无声，此吾人初入宴寂时也；晓梦初醒，群动未起，此吾人初出混沌处也。乘此而一念回光，炯然返照，始知耳目口鼻皆桎梏，而情欲嗜好悉机械矣。

名师按语

①萤然：这里形容灯光微弱得像萤火光的闪烁一般。

译文

一盏微弱的灯光，寂寂无声的夜晚，这是人们正要入睡的时候；清晨从梦中醒来，万物还没有苏醒，这是人们刚从朦胧的梦境中走出来。如果能利用这一刻来澄清自己的内心，来反省自身的一切，便会明白耳目口鼻是约束我们心智的枷锁，而情欲爱好都是使我们堕落的主要环节。

赏析·启示

万籁俱寂之时正是人们思考的最佳时间。因为在这个时候，没有人与你说话，没有任何事情发生，没有什么能影响到你的心智。我们可以尽情地思考，通过对自己进行反思，很好地净化了自己的心灵，提高了自己的修养。

学习·拓展

混沌

混沌是中国古人认为天地未开辟之前模糊不分的状态，后来一般形容模糊隐约的样子。在汉代班固的著作《白虎通·天地》中有这样的叙述："混沌相连，视之不见，听之不闻，然后剖判。"在《西游记》第一回中也有过这样的表达："混沌未分天地乱，茫茫渺渺无人见。"这两处混沌的含义都是模糊不分。

一四七 反己通善 尤人成恶

处己①者,触事皆成药石②;尤③人者,动念即是戈矛。一以辟众善之路,一以浚诸恶之根,相去霄壤矣。

①处己:反省自己,以正确待人。②药石:治病的东西,引申为规诫他人改过之言。③尤:埋怨。

一个能随时反省自己的人,平时能接触到的事物都能成为修身养性的良药;一个整日怨天尤人的人,他心中的念头都像是会伤人的戈矛一样。可见自我反省是用来开辟无数善行的道路,怨天尤人是走向罪恶的根源,两者有着天壤之别。

一四八 功名一时 气节千载

事业文章随身销毁,而精神万古如新;功名富贵逐世①转移,而气节千载一日②。君子信不当以彼易此也。

译文

事业和文章都会随着人的死亡而消失,但圣贤的精神却可以永恒不变;功名利禄和荣华富贵都会随着时代的变换而转移,但义士的气节却可以万古不朽。所以,一个真正的君子是不可以用一时的事业功名来换取永恒的精神气节的。

一四九　机里藏机　变外生变

原文

鱼网之设,鸿①则罹②(lí)其中;螳螂之贪,雀又乘其后③。机里藏机,变外生变,智巧何足恃哉!

注释

①鸿:雁中最大的一种,俗称天鹅。②罹:遭,碰上。③螳螂之贪,雀又乘其后:比喻人只见到眼前的利益而忽略了背后的灾祸。

译文

设置鱼网是为了捕鱼,鸿雁却落网被捉住;螳螂贪吃眼前的蝉,却不知黄雀已在它身后伺机而动。玄机里隐藏玄机,变化之外还会再生变化,人的智慧和计谋怎么能够凭恃呢?

青少年美绘版经典名著书库

一五〇 真恳为人 圆活处世

原文

作人无一点真恳的念头，便成个花子，事事皆虚；涉世①无一段圆活的机趣，便是个木人，处处有碍。

注释

①涉世：经历世事。

译文

做人如果没有一点儿真实诚恳的念头，就会成为一个虚有其表的人，无论任何事情都会做得很虚假；处世如果没有一点圆通灵活和随机应变的趣味，就成了一个没有生命的木头人，无论做任何事情都会碰到障碍。

一五一 去混心清 去苦乐存

名师导读

怎样才能拥有清纯的心灵，获得更多快乐呢？看看下文你或许会找到答案。

名师按语

①鉴：与镜同。②翳(yì)：遮蔽，遮盖。

原文

水不波则自定，鉴①不翳②(yì)则自明。故心无可清，去其混之者，而清自现；乐不必寻，去其苦之

菜根谭

者，而乐自存。

译文

没有被风吹起波浪的水面自然是平静的，没有灰尘遮蔽的镜子自然是明亮的，所以人的心灵没有什么需要刻意清洁的，只要除去心中的贪欲，清纯的心灵自然会呈现；快乐无须去刻意寻找，只要心中排除了一切痛苦和烦恼，快乐就自然会存在了。

赏析·启示

其实很多时候人的本性是很善良的，很完美的。只是有些时候，人被太多的欲望所纠缠，让我们无法拂去心灵的浮华。只有我们将心中的痛苦和烦恼通通忘却，内心才会为快乐留出余地。

学习·拓展

怎样处理人生中的苦与乐？

丰富的人生是苦乐相伴的人生，不是一味享受的人生，是在艰苦的环境中历经磨难，寻找快乐的人生。所以，我们要做好准备，要有颜回"一箪食，一瓢饮，居陋巷"的境界，只有这样才会在"苦"中求乐。

一五二 一念一言 切戒犯忌

原文

有一念而犯鬼神之禁，一言而伤天地之和，一行而坠终身之名，一事而酿①子孙之祸者，最宜切戒②。

注释

①酿:本义当制酒解,此处指造成。②切戒:深深地引以为戒。

译文

如果有一个念头会触犯鬼神的禁忌,如果说一句话会伤害天地人世的祥和,如果有一个行为会毁坏自己一生清白的名声,如果做一件事会给子孙后代带来灾祸,那么这个念头、这句话、这个行为、这件事都是我们需要警戒的。

一五三 欲擒故纵 宽之自明

原文

事有急之不白者,宽①之或自明,毋躁急以速其忿;人有切之不从者,纵之或自化,毋操切以益其顽。

注释

①宽:舒缓。

译文

有些事情越是急着想弄清楚,就越是弄不清楚,这时就暂时缓和心情,或许头脑冷静就会自然明白,不要过度急躁使事情变得更加纷乱;有些人心性急切,就是不愿听从指挥,这时就放纵他或者任其发展,或许他就能够自然觉悟,不要太急切,以免使他更顽固。

一五四　不能养德　终归末技

原文

节义傲青云①，文章高白雪，若不以德性②陶镕之，终为血气之私，技艺之末。

注释

①青云：比喻高的地位。②德性：同德行，指道德和品行。

译文

节操和义气足以胜过高官厚禄，生动感人的文章足以胜过白雪名曲，然而不用高尚的道德来陶冶锻炼它们的话，节操和义气终究仅仅是一时的意气用事，感人的文章也只能算是微不足道的雕虫小技。

一五五　急流勇退　与世无争

原文

谢事当谢于正盛之时，居身①宜居于独后之地。

注释

①居身：为人处世。

译文

隐退要在自己事业处在鼎盛的时候，这样才能使自己有一个完满的结局；处身应在与人无争的地方，这样才可能彻底地修身养性。

《一五六 慎德微事 施恩无报》

 名师导读

我们应该如何加强道德修养,应该在哪些方面积累自己的善行呢?

名师按语

①施恩:施舍恩情。
②不报之人:无力回报的人。

原文

谨德须谨于至微之事，施恩①务施于不报之人②。

译文

加强品德修养须在细枝末节上下工夫，积德行善就要给那些不能报答自己的人。

赏析·启示

凡事要从大处着眼,小处着手。人的德行经常会通过细微之事来得以体现,而真正的恩德是不会要求任何回报的。

学习·拓展

大恩不言谢

当别人对你的恩情过大时，不是一句"谢谢"就可以表达自己的感恩情谊的了，因为感激的话在这里就显得十分得轻。只有将这种深深地情谊记在心里，以后有机会尽自己的努力回报。而不能理解成恩德大了就不需要感谢了。

一五七 清心去俗 趣味高雅

原文

交市人不如友山翁①，谒朱门②不如亲白屋；听街谈巷语，不如闻樵歌牧咏；谈今人失德过举，不如述古人嘉言懿行。

注释

①山翁：此指隐居山林的老人。②朱门：本指红色大门，比喻富贵人家。

译文

与其和市井商贾结交还不如和山野老翁来往；与其进出权贵之家还不如和平民百姓亲近；与其听街坊邻居的流言飞语，还不如听樵夫的民谣和牧童的山歌；与其议论现代人的错误过失，还不如传述古人的善言美行。

一五八 修身种德 事业之基

原文

德者,事业之基,未有基不固而栋宇坚久①者。

注释

①坚久:坚固长久。

译文

高尚的品德是一个人事业的基础,这就像盖房子一样,如果没有坚实的地基,就不可能建筑坚固而耐用的房屋。

一五九 心善则子盛 根固则叶荣

原文

心者,修业①之根,未有根不植而枝叶荣茂者。

注释

①修业:修营功业,以提高能力,增强本领。

译文

善良的心地是锤炼自己增强本领的根本,这就像栽花种树一样,如果不把根须埋在泥土里,就不可能有繁花似锦、枝茂叶盛的景象。

一六〇　勿妄自菲薄　勿自夸自炫

原文

前人云:"抛却自家无尽藏,沿门持钵效贫儿。"又云:"暴富贫儿休说梦,谁家灶里火无烟?"一箴(zhēn)自昧所有,一箴自夸①所有,可为学问切戒。

注释

①自夸:自己夸耀自己。

译文

古人说:"抛弃自己家里无穷宝藏,效仿乞丐拿着饭碗沿街乞讨。"又说:"突然发财的人不要信口胡说,有谁家里的炉灶只会生火不会冒烟?"这两句话,一则是规劝那些蔑视自己所有的人,一则是忠告那些炫耀自己的人,也是做学问的人应当警惕的事情。

一六一　道德学问　人皆可修

名师导读

人生中的很多道理或是学问都不是一成不变的,那么我们应该如何学习呢?

菜根谭

原文

道①是一件公众的物事②,当随人而接引;学是一个寻常的家饭,当随事而警惕。

名师按语

①道:道理,含有通往真理之路的意思。
②公众物事:指社会大众的事。

译文

人生的道理是一件人人都可以追求的事情,应该根据个人的性情来加以劝导;做学问应像每个人吃的家常便饭一样,应该随着事情的变化而有所警惕。

赏析·启示

这段文字告诉我们每当要做一门学问或是学习一个道理的时候,我们都要根据个人的情况选择恰当的时机和适宜的方法来学习和感悟。

学习·拓展

中国哲学中的"道"

"道"这一概念是老子在《道德经》中首次提出的。用于说明世界万物的本质、规律、道理等。在后来的发展中,"道"被赋予了不同的含义。孔子所说的"道"是"中庸之道"。佛家所说的"道"是"中道",是佛家的最高真理。

一六二 信人示己诚 疑人显己诈

原文

信人①者,人未必尽诚,己则独诚矣;疑人②者,人未必皆诈,己则先

诈矣。

①信人：信任别人。②疑人：怀疑别人。

　　能够信任别人的人，别人不一定就会以诚相待，但至少自己是诚实的；一个常怀疑别人的人，别人不一定都是虚伪狡诈的，但至少自己已经做了欺诈之人了。

一六三　宽者如春　刻者似雪

　　念头宽厚①的，如春风煦育，万物②遭之而生；念头忌刻的，如朔雪阴凝，万物遭之而死。

①宽厚：待人宽容厚道。②万物：宇宙间的一切事物。

　　一个心怀宽大仁厚的人，就像温暖和煦的春风，能够化育万物，给万物带来勃勃生机；一个心胸狭隘、待人刻薄的人，就像寒冷的冰雪，万物遭到它的摧残，都枯萎凋零。

一六四 善根暗长 恶损潜消

原文

为善不见其益,如草里冬瓜,自应暗长;为恶不见其损,如庭前春雪,当必潜消①。

注释

①潜消:暗自消失。

译文

做好事不能立刻就看到它的益处,如同草里生长的冬瓜,自然会在暗中长大;一个人做坏事表面上看不出有什么害处,但是那害处就像春天庭院里的积雪,必然会慢慢地消融。

一六五 愈旧愈新 愈淡愈浓

原文

遇故旧之交,意气要愈新;处隐微①之事,心迹宜愈显;待衰朽②之人,恩礼当愈隆。

注释

①隐微:隐私的小事。②衰朽:年老力衰的人。

译文

遇到多年不见的老朋友，情意要更加真诚，气氛要更加浓烈；处理机密的事情，态度要更加光明磊落，要心怀公正；对待衰落的人，礼节要更加恭敬，照顾要更加周到。

一六六 士以勤俭立德 贼以勤俭图利

名师导读

勤奋做事，俭朴持家，是中国人立身处世的信条。但我们是否对勤奋和节俭有正确的认识呢？

名师按语

①敏：勤奋，努力。
②符：本指护身符，这里作法则解。

原文

勤者敏①于德义，而世人借勤以济其贫；俭者淡于货利，而世人假俭以饰其吝。君子持身之符②，反为小人营私之具矣。惜哉！

译文

勤奋的人应该努力培养自己的德行和义理，可是世上的人偏偏凭借勤奋来救济自己的贫穷；节俭的人应该对钱财名利保持淡泊，可是世上的人偏偏借助节俭来掩饰自己的吝啬。勤奋和节俭本来是君子修身养性的标准，却反而成了市井小人用来营求私利的工具。真是可惜啊！

赏析·启示

通过这段文字我们要明白勤奋和节俭固然重要，但是我们一定要将其发

菜 根 谭

挥到恰到好处,一定要让勤奋和节俭成为我们成长中的正能量,而不是让它成为我们改变贫穷,谋取利益的工具。

学习·拓展

护身符

护身符又叫作护符、神符、灵符等。一般将其放置在贴身处,有的也将其吞食。人们通常愿意用这种方式保护自己,或是避免灾难、厄运等。

一六七 意情用事 难以久长

原文

凭意兴①作为者,随作则随止,岂是不退之轮;从情识解悟者,有悟则有迷,终非常明之灯。

注释

①意兴:兴致。

译文

一个只凭一时的意气、兴趣做事的人,随时会开始做,也随时会停止做,哪能像车轮一样勇往直前?一个只从感情意识中领悟道理的人,有时会清醒,有时会迷惑,终究无法像智慧之灯一样永放光明。

一六八 律己宜严 待人宜宽

原文

人之过误宜恕①,而在己则不可恕;己之困辱②宜忍,而在人则不可忍。

注释

①恕:宽恕,原谅。②困辱:困穷,屈辱。

译文

对于别人的过失和错误应该宽恕，而对待自己的过失和错误却不能宽恕；对于自身的困境和屈辱应该忍受,但在别人遇到困境屈辱时,就不该袖手旁观,漠不关心。

一六九 为奇而不异 求清而不激

原文

能脱俗①便是奇,作意尚奇者,不为奇而为异②;不合污便是清,绝俗求清者,不为清而为激。

注释

①脱俗:不沾染俗气。②异:特殊行为,标新立异。

译文

能够超凡脱俗的人是奇人,故意标新立异的不是奇人而是怪人。不肯同流合污的人就是清高的人,故意违背常情以显示自己清高的人,不是清高而是偏激。

一七〇　恩宜后浓　威须先严

原文

恩[1]宜自淡而浓,先浓后淡者,人忘其惠;威[2]宜自严而宽,先宽后严者,人怨其酷。

注释

①恩:恩惠。②威:威严。

译文

给别人以恩惠应该从淡薄到深厚,如果开始浓厚,后来淡薄,人们就会忘记他的恩惠。树立威仪应该对人从严到宽,如果先宽厚待人后来反而严厉,人们就会怨恨他的冷酷。

一七一　心虚则性现　意净则心清

名师导读

我们总想看清自己的内心,但是却怎么都看不清楚。古人又是怎么做的呢?

菜根谭

名师按语

①心虚：指心中没有杂念。②性：与生俱来的气质。

原文

心虚①则性②现，不息心而求见性，如拨波觅月；意净则心清，不了意而求明心，如索镜增尘。

译文

心中保持宁静没有杂念时，空灵的本性就会显现，如果不平息功名利禄之心就想见到本性，就像拨开波纹去寻找月亮一样；思想纯洁，心灵就会清明，如果不清除物欲就希望内心清明，就像想在布满灰尘的镜子上看清自己的形象一样。

赏析·启示

世人总是对自己真实的内心本性认识不清，因为内心不够澄静。我们应该花些时间来打扫打扫内心的这所"房子"，打扫干净了，有些事便一目了然了。

学习·拓展

什么是本性？

本性就是天性，是人固有的性质或个性。在先秦诸子中对于人的本性也有不同的看法。孟子认为人性是善良的，是人类普遍的心理活动，主要强调道德修养的自觉性。荀子则认为人性是有恶的，但有转化为善的可能性，主要再强调道德修养的必要性。

一七二 不以物喜 不以己悲

原文

我贵而人奉之,奉此峨冠大带①也;我贱而人侮之,侮此布衣草履②也。然则原非奉我,我胡为喜? 原非侮我,我胡为怒?

注释

①峨冠大带:古代高官所穿的朝服。②布衣草履:比喻平民百姓的衣着。

译文

当我富贵时,人们奉承我,他们是奉承这高高的官帽和宽大的绶带;我地位低下时,别人侮辱我,他们是在侮辱这身粗陋的布衣和这双草鞋。但是,他们奉承的本来就不是我,我为什么要高兴? 他们侮辱的本来就不是我,我为什么要生气?

一七三 慈悲之念 生生之机

原文

"为鼠常留饭,怜蛾纱罩灯",古人此等念头,是吾人一点生生之机①。无此,便所谓土木形骸②而已。

菜 根 谭

注释

①生生之机:指使万物生长的意念。②土木:指泥土和树木等只有躯壳而无灵魂的矿植物。形骸:指人的躯体。

译文

常为老鼠留一点儿饭不让它饿死,怕飞蛾扑火烧死而用纱布做灯罩。古人的这种慈悲心肠,是我们生生不息的机缘。如果没有这点儿善心,就和泥土、树木没有什么分别了。

一七四 心体天体 人心天心

原文

心体①便是天体②。一念之喜,景星③庆云④;一念之怒,震雷暴雨;一念之慈,和风甘露⑤;一念之严,烈日秋霜。何者少得,只要随起随灭,廓然⑥无碍,便与太虚同体。

注释

①心体:人类精神本原。②天体:天心或宇宙精神的本原。③景星:代表祥瑞的星名。④庆云:又名卿云或景云,象征祥瑞的云层。⑤甘露:祥瑞的象征。⑥廓然:广大。

译文

心就是宇宙一样的本体,一个高兴的念头闪过,就像天空出现了吉星祥云;

一个愤怒的念头出现,就像是一场大雷雨;慈悲的念头就像春风雨露润泽万物;严厉的念头,就像烈日灼人、秋霜寒冷。哪一种感情少得了?只要这些情绪能随时消失,不成为障碍,就可以和天地一体了。

一七五 无事寂寂 有事惺惺

原文

无事时,心易昏冥①,宜寂寂而照以惺惺;有事时,心易奔逸,宜惺惺而主以寂寂。

注释

①昏冥:昏昧不明事理,冥是愚昧的意思。

译文

无事可做的时候,心绪容易昏沉迷乱,这时应该在沉静中保持精明;有事的时候,心绪容易忙乱,应该在精明中保持冷静。

一七六 事外事中 明晓利害

名师导读

当你处理一件事情的时候,不管你身处其中,还是身处其外,你或许都会有困惑,读一下这段文字,看看是否对你有一些启示呢?

菜根谭

原文

议事者,身在事外,宜悉利害①之情;任事者,身居事中,当忘利害之虑。

名师按语

①利害:利益和损害。

译文

评论事情的人处在旁观者的地位,应该多了解事情的利害得失;当事人处在事情中,应当忘记个人利害得失,才能冷静。

赏析·启示

我们在评论一件事情的时候,往往不会设身处地地去分析;而当我们陷入困境的时候,往往不会静下心来冷静思考。这样的话很容易偏离事情的本质而陷入自我的主观世界。所以,只有冷静思考才能发现事情的本质,从而更好地解决问题。

学习·拓展

见利忘义的吕布

在中国古代有很多这样的人物。他们见利忘义,将自己的一世英名毁于一旦。比较典型的就是《三国演义》中的吕布,他勇猛有加却谋略不足。在三国时期的英雄豪杰中,他的武力可堪称最强,可是为何偏偏不得善终呢,原因就在于,他不讲义气,不忠诚于主,总是在利和义的抉择面前有所偏失。

一七七 操履严明 守正不阿

原文

土君子处权门要路①,操履②要严明,心气要和易;毋少随而近腥膻③之党,亦毋过激而犯蜂虿(chài)之毒④。

注释

①权门要路:指有权有势的政要。②操履:操守和行为。③腥膻:鱼臭叫腥,羊臭叫膻,比喻操守不好的人。④蜂虿之毒:比喻人心凶险恶毒。

译文

一个正直有修养的人身居要职时,道德行为要严明,态度要平易和蔼。不要过于随和,去接近那些不正派的人;也不要太偏激,去触怒那些阴险的小人。

一七八 浑然和气 处世之珍

原文

标节义者,必以节义受谤;榜道学①者,常因道学招尤。故君子不近恶事,亦不立善名,只浑然和气②,才是居身之珍。

注释

①道学:此处是泛称学问道德,也就是通常所说"道学先生"的道学。②浑然和气:浑然是淳朴敦厚,和气是儒雅温和。

菜根谭

译文

喜欢标榜自己有节操、讲道义的人，一定会因为他的有节义而受到别人的诽谤；标榜自己有道德学问的人，常常因为道德学问而受到责难。所以君子不去做坏事，也不去立好名声，只是保持一种自然温和的态度，这才是处世的要诀。

《一七九　诚和以动　义气以励》

原文

遇欺诈之人，以诚心感动之；遇暴戾①之人，以和气熏蒸②之；遇倾邪私曲之人，以名义气节激砺之。天下无不入我陶镕中矣。

注释

①暴戾：残酷。②熏蒸：此处为沐化、感化之意。

译文

遇到爱欺骗别人的人，就用诚心去打动他；遇到残暴的人，就用和气来熏陶他；遇到邪恶自私的人，就用名节来激励他，那么天下人都会被我感化了。

《一八〇　念慈酿和　心洁垂古》

原文

一念慈祥，可以酝酿①两间②和气；寸心洁白，可以昭垂③百代清芬。

注释

①酝酿:本指造酒,此处当制造、调和解。②两间:指天地之间。③昭:明。垂:流布。

译文

心怀慈悲,就可以使天地间充满和气;心地无瑕,可以使恩德流传百年。

一八一 平庸不奇 和平之基

名师导读

你知道在为人处世中,有哪些行为是被坚决摒弃的吗? 那么,又有哪些行为是值得提倡的呢?

名师按语

①祸胎:指招致祸患的根源。②庸:平凡,普通。③混沌:本指宇宙初开元气未分之时,比喻自然和无知、淳朴的心神。

原文

阴谋怪习,异行奇能,俱是涉世的祸胎①。只一个庸②德庸行,便可以完混沌③而招和平。

译文

阴谋诡计、特别的习惯、奇异的本领和行为,都是处世中招祸的根源。只要品行平庸,就可以保住本性,带来安宁的生活。

赏析·启示

处世之道,稳字当头。任何偏离正轨的行为和品德都容易为自己招惹来是非。所以说,平庸不奇,和平之基。要想有稳定的生活和内心世界,就要先从矫正自身的思维言行开始。

学习·拓展

何为中庸?

中庸是儒家的道德标准,通常指待人接物适中平和,不偏不倚。有时也指不求上进的心态,追求平常、平庸的生活。中庸这一观点出自《论语·雍也》:"中庸之为德也,其至矣乎。"

《一八二 若得忍耐 自在其境》

原文

语云:"登山耐险路,踏雪耐危桥。"一"耐"字极有意味。如倾险之人情,坎坷之世道,若不得一"耐"字撑持过去,几何不堕入榛莽①坑堑②哉!

注释

①榛莽:榛,荒地丛生的小杂木;草木深邃的地方叫莽。②坑堑:堑,深沟,就是有深沟的险处。

译文

俗话说:"爬山要能耐得住险峻难行的路,踏雪要能过危险的桥梁。"这里的一个"耐"字用得很有意味。像险恶的人情、坎坷的世路,如果没有这个忍耐支撑过去,早就掉进杂草丛生的沟壑里了。

一八三 心体莹然 不失本来

原文

夸逞①功业,炫耀文章,皆是靠外物做人。不知心体莹然,本来不失,即无寸功只字,亦自有堂堂正正做人处。

注释

①夸:自我吹嘘,言过其实。逞:强行显露。

译文

夸耀自己的功业、炫耀自己的文章都是靠身外的东西来做人,却不知道心是纯真的,只要保持本性,即使没有一点儿功劳,没有一篇文章,也同样堂堂正正做人。

一八四 忙里偷闲 闹中取静

原文

忙里要偷闲,须先向闲时讨个把柄①;闹中要取静,须先从静处立个主宰②。不然,未有不因境而迁③、随事而靡④者。

注释

①把柄:比喻做事能把握要点。②主宰:主见,主持。③因境而迁:随着环境的变化而变化。④随事而靡:随着事物的发展而盲目地跟随其后。

译文

想要忙里偷闲,要先在清闲时做好准备;要在闹中取静,必须在平静时做好安排。不然,一遇到具体情形就会顾此失彼。

《一八五 立命生民 造福子孙》

原文

不昧①己心,不拂人情,不竭②物力,三者可以为天地立心,为生民立命,为子孙造福。

注释

①昧:昏暗,此处作蒙蔽解。②竭:穷尽。

译文

不昧自己的良心,不排斥人之常情,不用尽物资,有了这三点就能够为天地树立心性,为民众铸造命脉,为子孙后代创造福祉。

一八六 为官公廉 居家恕俭

无论是在家庭生活还在官场为官都有两句至理名言，你知道都是些什么吗？

原文

居官有二语,曰:"惟公则生明,惟廉则生威。"居家有二语,曰:"惟恕①则平情,惟俭则足用。"

名师按语

①恕：不计较别人的过错。

译文

做官有两句格言说:"只有公正才能清明,只有廉洁才能威严。"家庭生活中有两句格言说:"只有宽仁才能使气氛平和,只有节俭才能使资财够用。"

赏析·启示

宽厚勤俭会让家庭气氛和谐,财富越来越多,清正廉洁才能使得老百姓信服。反之,挥霍则会家徒四壁,腐败则会官逼民反。

学习·拓展

清廉官员——包拯

他是历史上最清廉的官员之一,他一生正气,秉公执法。他不畏权贵、不徇私情。在民间,他是公平和正义的化身,是百姓渴求的理想官员。在他身上寄托了人们对太平盛世的美好向往。

一八七 勿仇小人 勿媚君子

原文

休与小人仇雠,小人自有对头;休向君子谄媚①,君子原无私惠。

注释

①谄媚:用卑贱的态度向人讨好。

译文

不要和小人结怨,小人自有他的冤家对头;不要向君子谄媚,君子本来就没有个人利益。

一八八 疾病易医 魔障难除

原文

纵欲之病可医,而执理之病①难医;事物之障可除,而义理之障②难除。

注释

①执理之病：固执己见，自以为是的毛病。②义理之障：正义、真理方面的障碍。

译文

放纵欲望的毛病可以医治，但固执己见的毛病却难医治；一般事物的障碍可以除去，但义理所造成的障碍难以除去。

一八九　金须百炼　矢不轻发

原文

磨砺当如百炼之金，急就者非遂养①；施为宜似千钧②之弩③，轻发者无宏功。

注释

①遂养：高深修养。遂，深。②钧：三十斤是一钧。③弩：用特殊装置来发射的大弓。

译文

修身养性要像千锤百炼的真金一样，急于成功的人不会有深厚的修养；行事作为要像拉千斤的强弓一样，轻易发射的人取不到重大的功效。

一九〇　戒小人媚　愿君子责

原文

宁为小人所忌毁，毋为小人所媚悦①；宁为君子所责备，毋为君子所包容。

注释

①媚悦：本指女性以美色取悦于人，此指用不正当行为博取他人欢心。

译文

宁愿受到小人的嫉恨毁谤，也不要受到小人的谄媚取悦；宁愿受到君子的责怪，也不要受到君子的宽容包涵。

一九一　好利者害浅　好名者害深

名师导读

为什么好名者比好利者害人更深呢？我们看看文中是怎么解答的。

名师按语

①逸出：超出范围。
②窜入：隐匿。

原文

好利者，逸出①于道义之外，其害显而浅；好名者，窜入②于道义之中，其害隐而深。

菜根谭

译文

　　贪慕虚荣的人，所作所为逾越道义之外，所造成的伤害虽然明显但不深远；而喜好名誉的人，他的言行都隐藏在道义之中，所造成的伤害虽然不明显却都很深远。

赏析·启示

　　不论是贪慕虚荣还是贪慕名誉，这样的做法都是不被提倡的。生活中，我们要抱有一个平和的态度，不要过分在乎名和利，这样就可以使自己的内心宁静淡泊，不会过于纷扰。

学习·拓展

何为沽名钓誉？

　　沽名钓誉这一词出自《管子》中的《法法》，原文为"钓名之人，无贤士焉。"在《后汉书》中也有类似的语句："彼虽硁硁有类沽名者。"此处的含义常常指用不正当的手段夺取功名。

一九二　忘恩报怨　刻薄之尤

原文

　　受人之恩，虽深不报，怨则浅亦报之；闻人之恶，虽隐不疑，善则显亦疑之。此刻之极、薄之尤也，宜切戒①之。

注释

①戒:避免。

译文

受到别人的恩惠,虽然深厚却不去报答,而受到别人的怨怒,虽然只有一点儿也要去报复;听到别人的坏事,虽不明显却坚信不疑,而听到别人的好事,虽然已经很明显却仍然怀疑。这实在是刻薄到了极点,应该切实加以剔除。

一九三 不畏谗言 却惧蜜语

原文

谗夫毁士,如寸云蔽日,不久自明;媚子阿人①,似隙风②侵肌,不觉其损。

注释

①媚子:擅长阿谀奉承的人。阿人:谄媚取巧,曲意附和人。②隙风:墙壁门窗的小孔叫隙,从这里吹进的风叫隙风,相传这种风容易使人身体得病。

译文

造谣进谗诋毁别人,就像一片薄云遮蔽了太阳,不久之后太阳会重现光芒;谄媚奉承别人,就像从缝隙吹来的风侵袭肌肤,人们不会感受到它的伤害。

一九四 忌高绝之行 戒偏急之衷

原文

山之高峻处无木，而溪谷回环则草木丛生；水之湍急处无鱼，而渊潭停蓄①则鱼鳖聚集。此高绝之行，褊（biǎn）急之衷②，君子重有戒焉。

注释

①渊潭：深潭。停蓄：水平静不流动。②褊急之衷：狭隘到极端的心理。

译文

山高险峻的地方往往不会生长树木，而河谷环绕的地方却会草木茂盛；水流湍急的地方往往没有鱼，而潭水深且静的地方却是鱼虾聚集。这是说过度清高孤绝的品行，以及急功近利的心思，是君子应该深深引以为戒的。

一九五 虚圆建业 执拗失机

原文

建功立业者，多虚圆①之士；偾（fèn）事②失机者，必执拗之人。

菜 根 谭

注释

①虚圆:谦虚圆通。②偾事:把事情搞坏。

译文

古来建功立业的大都是谦虚灵活的人;而败坏事业丧失良机的必定是固执倔犟的人。

一九六 处世之道 不即不离

名师导读

你知道为人处世应该注意哪些吗?仔细阅读下面的文字古人会为你解答的。

原文

处世不宜与俗①同,亦不宜与俗异;作事不宜令人厌,亦不宜令人喜。

名师按语

①俗:指一般人。

译文

一个人为人处世不应该与一般人相同,也不应该标新立异故意与世俗人不同;做事不能到处让人厌恶,也不能故意讨人喜欢。

赏析·启示

我们在与人相处的时候,要表现得"合群",同时也要保持自己的个性。做

事情也要把握好"度"，要和他人保持一种若即若离的关系。

学习·拓展

蔑视权贵的李白

李白曾深得唐玄宗喜爱，并在翰林院做官，后来李白看清朝廷之上都是些无所作为、趋炎附势的小人。自己在皇上身边只是帮皇帝排忧解闷，根本就无法实现自己的政治抱负，于是就辞官归乡重新过着自由自在的生活。

一九七 烈士暮年 老有所为

原文

日既暮而犹烟霞①绚烂②，岁将晚而更橙橘芳馨。故末路晚年，君子更宜精神百倍。

注释

①烟霞：烟雾和云霞。②绚烂：灿烂。

译文

当太阳快要落山的时候，天空的晚霞仍然是灿烂绚丽、光彩夺目的；一年将尽的季节，橙橘却飘着诱人的芳香。所以有德行的人到了晚年时，就更应该振作精神、老有所为。

一九八 藏才隐智 任重路远

原文

鹰立如睡,虎行似病,正是它搏①(yīng)人噬②(shì)人手段处。故君子要聪明不露,才华不逞,才有肩鸿③任巨的力量。

注释

①搏:伤害。②噬:啃咬吞食。③鸿:与"洪"通,即担负大责任。

译文

老鹰站立时如同睡着了一样,老虎走路时如同生病了一样,而这恰恰是它们捕食人畜的高明手段。因此有德的人不显露他们的聪明,不夸耀他们的能力,这样才会有肩负重大任务的力量。

一九九 过俭吝啬 过让卑曲

原文

俭,美德也,过则为悭吝①,为鄙啬②,反伤雅道③;让,懿行④也,过则为足恭⑤,为曲谨⑥,多出机心。

注释

①悭吝:小气,吝啬,为富不仁。②鄙啬:有钱而舍不得用,斤斤计较。③雅

道：即正道，此处指与朋友交往之道。④懿行：美好的行为。⑤足恭：过分恭维来取悦于人。⑥曲谨：指把谨慎细心专用在微小地方，有假装谦恭的意思。

译文

俭朴是一种美德，但过分节俭就会变得吝啬小气，成为斤斤计较的守财奴，反而有伤风雅之道；谦让本来也是一种美德，但做得过分了就成为卑躬屈膝、谨小慎微的人，反而多出了一些巧诈的心思。

二〇〇　喜忧安危　勿介于心

原文

毋忧拂意，毋喜快心，毋恃久安，毋惮①初难。

注释

①惮：害怕。

译文

不要为不如意的事情而担忧，不要为暂时的顺心而喜悦，不要为长久的平安而有恃无恐，不要为一时的困难而畏惧不前。

二〇一　声华名利　非君子行

名师导读

我们是否能够从一个人的行为中，判断一个人的品行。读读下面的文

菜 根 谭

字,看看如何认清一个人。

原文

饮宴之乐多,不是个好人家;声华之习胜,不是个好士子①;名位之念重,不是个好臣士。

名师按语

①士子:指读书人或学生。

译文

经常宴请宾客寻欢作乐的,不算是个好家庭;喜欢淫靡音乐和华丽服饰的,不算是正派的读书人;过分重视名利权势的,不算是个好官吏。

赏析·启示

如果一个人把大部分的精力放在了享受奢靡的生活而不是经营自己内心的品格上,这个人肯定不会有很高的道德修养,所以我们不能过分地追去奢靡享受的生活,只有在艰苦的环境中才可以砥砺品格,做一个真正的君子。

学习·拓展

"士子"都有哪些含义?

"士子"除了指读书人之外还有对男子的美称,一般指年轻男子。也有只士大夫官僚阶层。或是指将士家的子弟……

二〇二　乐极生悲　苦尽甘来

原文

世人以心肯①处为乐,却被乐心引在苦处;达士以心拂②处为乐,终为苦心换得乐来。

注释

①心肯:心愿满足。②心拂:心中遭遇横逆事物。

译文

世人以能满足心中欲望为快乐,却反而被寻求快乐的心引导到痛苦中;一个豁达明智的人在平时能信心百倍地忍受各种不如意,最后用劳苦换来了真正的快乐。

二〇三　过满即溢　过刚则折

原文

居盈满者,如水之将溢未溢,切忌再加一滴;处危急者,如木之将折未折,切忌再加一搦①(nuò)。

注释

①搦:压制。

译文

　　一个人当权势达到鼎盛的时候，就好像水满了快溢出但还没有溢出来一样，这时千万不能再多加一滴；一个人当处在危急的关头，就像木头快折断但没有折断一样，这时千万不能再加一点压力。

二〇四　视听感思　皆须冷静

原文

　　冷眼①观人，冷耳听语，冷情当感，冷心思理。

注释

　　①冷眼：冷静客观的态度。

译文

　　用冷静的眼光来观察别人，用冷静的耳朵来听别人说话，用理智的情感来主导意识，用冷静的头脑来思考问题。

二〇五　量宽福厚　器小福薄

原文

　　仁人心地宽舒，便福厚而庆长①，事事成个宽舒气象；鄙夫②念头迫促，便禄薄而泽短，事事成个迫促规模。

注释

①福厚:福禄丰厚。庆长:福禄绵长。②鄙夫:鄙陋之人。

译文

仁慈博爱的人心胸宽阔坦荡,所以能福禄丰厚而长久,凡事都能表现出宽宏大度的气概;浅薄无知的人心胸狭窄,所以福禄微薄而短暂,凡事都表现出目光短浅、狭隘局促的格局。

二〇六 恶勿即就 善勿即亲

名师导读

生活中,是否总是有人在你身边评价他们的好恶,每当这个时候你该怎么做呢?

名师按语

①就恶:立刻厌恶。
②谗夫:用流言来陷害他人的小人。

原文

闻恶不可就恶①,恐为谗夫②泄怒;闻善不可急亲,恐引奸人进身。

译文

听到别人做坏事,不可以马上就去厌恶他,因为这可能是有人为了发泄心中的怒气故意编造的谣言;听到别人做好事,不可以立刻就去亲近他,因为这可能是小人用来谋官求职的手段。

赏析·启示

　　对于任何人和事,我们都要有自己的判断和评价标准。不能让他人的言语左右你的评判。我们应该根据自己的观察和理解,做出自己的判定。

学习·拓展

流言止于智者

　　流言都是经不起推敲和验证的,聪明的人听到流言一般都不会再去扩散。流言一旦形成在社会上是非常可怕的,流言可能会让一位帝王失去一位忠诚的臣子,也会让一个人失去一个真诚的朋友,生活中我们不仅要用眼去看待一个人,更要用心去看待一个人,只有这样才不会被流言纷扰。

二〇七　躁性偾事　平和得福

原文

　　性躁心粗者,一事无成①;心和气平②者,百福自集。

注释

　　①一事无成:什么事情都做不成。②心和气平:即心平气和,心里平和,不急躁,不生气。

译文

　　性情鲁莽、粗心大意的人,没有一件事能够做得成功;性情温和、心绪宁静

的人,所有的幸福自然会降临到他头上。

二〇八 用人勿刻 交友勿滥

原文

用人不宜刻,刻则思效者去;交友不宜滥①,滥则贡谀②者来。

注释

①滥:轻率,随便。②贡谀:说好听的话,逢迎讨好的意思。

译文

用人要宽厚,不能太过刻薄,如果太苛求于人就会使那些愿为你效忠的人离你而去;交朋友不能太没原则,胡乱交友就会有喜欢献媚说谎的人到你身边来。

二〇九 急处定脚 险处顾首

原文

风斜雨急①处,要立得脚定;花浓柳艳处,要着得眼高;路危径险②处,要回得头早。

注释

①风斜雨急:风雨本指大自然中天象的变化,此指社会发生动乱,人世沧桑

莫测。②路危径险:路和径都是指世路。

译文

在急风暴雨中要站稳脚跟,才不会跌倒;在繁花翠柳的温柔乡,要放眼高处,才不会迷惑;在道路险难的地方,要及早回头,才不至于身处险境。

二一〇 和衷少年 谦德少妒

原文

节义之人济①以和衷②,才不启忿争③之路;功名之士承以谦德,方不开嫉妒之门。

注释

①济:增补,调节。②和衷:温和的心胸。③忿争:意气之争。

译文

有品行的人要用和气之心来调和,才不会和别人发生意气之争;有地位的人要培养谦虚的品德,才不会招人嫉妒。

二一一 居官有节制 居乡敦旧交

名师导读

你知道一个读书人在做官和归乡时都应该怎样做,才会得到他人的认可吗?

菜根谭

原文

士大夫居官，不可竿牍①无节，要使人难见，以杜幸端；居乡，不可崖岸太高，要使人易见，以敦旧好。

名师按语

①牍：古代写字用的木简。

译文

读书人做官和别人书信往来要有节制，要使人难以见面，以避免给别人钻营送贿留下机会；辞官回家时，不要门槛太高、仍以官员自居，要使别人容易接近，这样才能和乡邻们增进感情。

赏析·启示

入仕前后的心态应该是不同的，仕途坎坷，应谦虚谨慎，严于律己，才能保全自身。而出仕则要放下架子，放下戒备，与邻里乡亲融为一体，这样才能更好地与人相处。

学习·拓展

平易近人的来历？

平易近人原指政治的通俗简易。在西周初期，周公旦的儿子伯禽分封到鲁国，太公望，也就是姜子牙分封到齐国。三年后，伯禽向周公汇报政务，周公问："怎么这样晚？"伯禽说："我改变一些必要的礼俗，花了很大功夫。"姜子牙五个月就回来报告，周公说："你怎么这么快？"姜子牙回答说："我简化君臣礼仪，一切从简。"太公不禁感叹："鲁国一定会臣服于齐国的。政治要是不简易，民众就不会接近。只有平易近民，民众才会归附。"到了唐代，因要避讳李世民的"民"字，才将其改成"平易见人"。

二一二 事上警谨 待下宽仁

原文

大人①不可不畏,畏大人则无放逸之心;小民亦不可不畏,畏小民则无豪横之名。

注释

①大人:指有道德、有声望之人。

译文

对德高望重的人不能不敬畏,敬畏德高望重的人就不会放纵自己;对地位低贱的老百姓不能不敬畏,因为敬畏百姓就不会有横暴的恶名。

二一三 逆境思下 怠荒比上

原文

事稍拂逆①,便思不如我的人,则怨尤②自消;心稍怠荒③,便思胜似我的人,则精神自奋。

注释

①拂逆:不顺心,不如意。②怨尤:把事业的失败归咎于命运和别人。③怠荒:

精神萎靡不振,懒惰放纵。

译文

事情一有些不称心,想想更为艰难的人,怨恨就会自然消失。心中稍有些懈怠,就去想比我们强的人,精神自然能振奋起来。

二一四 轻诺惹祸 倦怠无成

原文

不可乘喜而轻诺,不可因醉而生嗔①(chēn),不可乘快而多事,不可因倦而鲜终②。

注释

①生嗔:生气。嗔,发怒。②鲜终:有头无尾,有始无终。

译文

不要因一时高兴而随便对人许诺,不要因为喝醉酒就乱发脾气,不要因一时兴起多管闲事,不要因怕累而不把事情做完。

二一五 读者至蹈 观者及心

原文

善读书者,要读到手舞足蹈①处,方不落筌(quán)蹄②;善观物者,要观到心融神洽③时,方不泥④迹象。

注释

①手舞足蹈:比喻领会书中乐趣、精髓。②筌蹄:局限窠臼。筌,捕鱼的竹器。蹄,捉兔子的器具。③心融神洽:指人的精神与物体融为一体,心领神会,达到忘我的境界。④泥:拘泥。

译文

会读书的人要读到使自己手舞足蹈时,才不会仅陷入字面意思;会观察事物的人,要观察到自己的心灵与外物融合时,才不会停滞于事物表面。

二一六 勿以所长欺短 勿以其富凌贫

名师导读

当你拥有超越常人智慧和财富的时侯,你会怎样做呢?

菜 根 谭

原文

天贤一人,以诲①众人之愚,而世反逞所长,以形②人之短;天富一人,以济众人之困,而世反挟所有,以凌人之贫。真天之戮民③哉!

名师按语

①诲:当动词用,教导。②形:当动词用,比拟,表露。③戮民:有罪之人。戮,此处当形容词,作有罪解。

译文

上天给一个人聪明,使他教导众多的愚人,而世人反倒以夸耀自己的聪明来暴露别人的缺点;上天赐予一个人财富,是让他来救助众人的贫困,而世人反倒依靠自己的财富欺凌穷人。这两种人真是上天的罪人。

赏析·启示

珍惜你所拥有的,竭尽全力去帮助他人,这才是对上天给予你能力最好的回报。能力越大,责任越大。能力是为了让自身发挥出更大的作用,而不是在别人面前炫耀的资本。

学习·拓展

聪明反被聪明误的杨修

杨修有一次去见曹操,看到曹操正在吃鸡,正好有人来请示口令,曹操回答说:"鸡肋。"杨修听后急忙回到营寨,收拾行囊。大家都疑惑不解,问其原因。杨修说:"咱们很快就要退兵了,所以提前收拾一下!大家都很惊讶,杨修继续说:主公已经有撤退之意,鸡肋就是'食之无味,弃之可惜。'的意思,"众人听后,都纷纷回营去收拾行囊,因此军心大乱。曹操愤怒之下杀死杨修。

知识精练

一、填空题

1.《菜根谭》是明代还初道人( )收集编著的一部论述修养、人生、处世、出世的语录世集。

2.《菜根谭》是以处世思想为主的格言式小品文集,采用( )体。

3.《菜根谭》是一部揉合了( )中庸思想,( )无为思想和释家出世思想的人生处世哲学表白。

4.处世不必邀功,( );与人不求感德,( )。

5.当与人同过,( ),同功则相忌;可与人共患难,( ),共安乐则相仇。

6.苦心中,( );得意时,( )。

7.千金难结一时之欢,( )。盖爱重反为仇,薄极翻成喜也。

8.觉人之炸,不形于言;受人之侮,不动于色。此中有无穷意味,( )。

二、简答题

1.对于这句话"我有功于人不可念,而过则不可不念;人有恩于我不可忘,而怨则不可不忘。"你是怎样理解的呢。可以结合生活经历,简单地谈一下体会。

2.在《菜根谭》中,你最喜欢那段文字,任选一个,说明理由。

三、论述题

1.读过《菜根谭》后,对你的学习生活都有哪些启示呢,谈谈你的感想吧!

一、填空题

1.洪应明

2.语录

3.儒家 道家

4.无过便是功　无怨便是德

5.不当与人同功 不当与人共安乐

6.常得悦心之趣 便生失意之悲

7.一饭竞致终身之感。

8.亦有无穷受用

二、简答题

1.略

2.略

三、论述题

1.略

图书在版编目(CIP)数据

菜根谭／(明)洪应明著；崔钟雷编译.－－杭州：
浙江人民出版社，2013.1
(青少年美绘版经典名著书库／崔钟雷主编)
ISBN 978-7-213-05209-5

Ⅰ.①菜… Ⅱ.①洪…②崔… Ⅲ.①个人－修养－
中国－明代－青年读物②个人－修养－中国－明代－少年
读物 Ⅳ.①B825-49

中国版本图书馆 CIP 数据核字（2012）第 267071 号

菜根谭

作　者　(明)洪应明 著　　崔钟雷 编译
丛书策划　钟 雷
丛书主编　崔钟雷
副 主 编　石冬雪　吕延林　王春婷
出版发行　浙江人民出版社
　　　　　杭州市体育场路 347 号
　　　　　市场部电话：（0571)85061682　85176516
责任编辑　毛江良
装帧设计　稻草人工作室
印　　刷　龙口众邦传媒有限公司
开　　本　787 毫米 × 1092 毫米　1/16
印　　张　12
字　　数　19 万
版　　次　2013 年 1 月第 1 版
　　　　　2016 年 4 月第 2 次印刷
书　　号　ISBN 978-7-213-05209-5
定　　价　19.80 元

如发现印装质量问题，影响阅读，请与市场部联系调换。